高等应用型人才培养规划教材

高等数学

上册

主　编　逄雅妮　陈　峰

副主编　戚永委　刘淑爱

U0255498

电子工业出版社

Publishing House of Electronics Industry

北京·BEIJING

图书在版编目(CIP)数据

高等数学. 上册 / 逄雅妮, 陈峰主编. —北京: 电子工业出版社, 2019.8

ISBN 978-7-121-36887-5

Ⅰ. ①高… Ⅱ. ①逄… ②陈… Ⅲ. ①高等数学－高等学校－教材 Ⅳ. ①O13

中国版本图书馆 CIP 数据核字(2019)第 123331 号

责任编辑：郝国栋

印　　刷：北京虎彩文化传播有限公司

装　　订：北京虎彩文化传播有限公司

出版发行：电子工业出版社

　　　　　北京市海淀区万寿路 173 信箱　　　邮编　　100036

开　　本：787×1092　1/16　　印张：11.5　　字数：194 千字

版　　次：2019 年 8 月第 1 版

印　　次：2024 年 10 月第 4 次印刷

定　　价：33.60 元

凡所购买电子工业出版社图书有缺损问题，请向购买书店调换。若书店售缺，请与本社发行部联系，联系及邮购电话：(010) 88254888，88258888。

质量投诉请发邮件至 zlts@phei.com.cn，盗版侵权举报请发邮件至 dbqq@phei.com.cn。

本书咨询联系方式：(0532) 67772605，邮箱：majie@phei.com.cn。

目 录

contents

第1章 集合与函数

现实世界中，各种变量有相互依存的关系，函数就是这种关系的抽象表述，函数是微积分研究的基本对象. 本章简要复习与总结大家在中学学过的集合与函数的知识，并进一步补充有关的内容，如邻域、有界函数、基本初等函数和初等函数.

1.1 集 合

1.1.1 集合的概念

1. 集合

具有某种共同属性的一些对象的集体称为集合，构成集合的每个对象称为该集合的元素. 通常，用大写字母 A，B，C… 表示集合，用小写字母 a，b，c… 表示集合的元素. 如果 x 是集合 A 中的元素，则称 x 属于 A，记为 $x \in A$；如果 x 不是集合 A 的元素，则称 x 不属于 A，记为 $x \notin A$.

用 **N** 表示自然数集合，用 **Z** 表示整数集合，用 **Q** 表示有理数集合，用 **R** 表示实数集合.

2. 集合的表示法

① 列举法：在一对大括号内把集合中的元素按任意的顺序全列举出来.

例如，用 $\{11，12，13，14，15\}$ 表示由 11，12，13，14，15 这 5 个数组成的集合.

② 描述法：在一对大括号内写出元素共同具有的属性，即用 $\{x \mid x$ 具有的共同属性$\}$ 表示一个集合.

例如，用 $\{x \mid x^2 - 4x + 3 > 0\}$ 表示不等式 $x^2 - 4x + 3 > 0$ 的解集.

③ 图形法：用一个平面图形表示一个集合，如图 1-1 所示.

 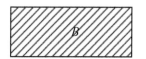

图 1-1

3. 集合的类型

① 有限集：包含有限个元素的集合.

② 无限集：包含无限个元素的集合.

③ 空集：不含任何元素的集合，记为 $\varnothing$.

④ 全集：在解决某个问题时，包含研究的问题中所有对象的集合，记为 I 或 U.

4. 子集

定义 设 A，B 为两个集合，如果集合 A 的元素都是集合 B 的元素，则称集合 A 为集合 B 的子集，如图 1-2 所示，记为 $A \subset B$ 或 $B \supset A$，读作 A 包含于 B 或 B 包含 A.

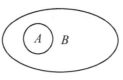

图 1-2

5. 集合的相等

如果集合 A 和集合 B 包含相同的元素，则称集合 A 和集合 B 相等，记为 $A=B$，读作 A 等于 B.

性质 设 A，B，C 是任意的集合，U 是全集，则有：

① $\varnothing \subset A \subset U$；

② $A \subset B$，$B \subset C \Rightarrow A \subset C$；

③ $A=B \Leftrightarrow A \subset B$ 且 $B \subset A$.

1.1.2 集合的运算

数与数之间有加、减、乘、除等各种运算，集合与集合之间也有并、交、差、补四种基本运算.

1. 并集

定义 设 A 与 B 是两个集合，则 A 与 B 中所有元素组成的集合称为 A 与 B 的并集，记为 $A \cup B$，如图 1-3 所示，读作 A 并 B，即

$$A \cup B = \{x \mid x \in A \text{ 或 } x \in B\}$$

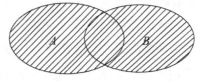

图 1-3

例如，若 $A=\{11, 12, 13, 14, 15\}$，$B=\{13, 14, 15, 16, 17\}$，则 $A \cup B=\{11, 12, 13, 14, 15, 16, 17\}$.

性质　设 A，B，C 是任意的集合，U 是全集，则有：

① $\varnothing \cup A = A$，$A \cup U = U$；

② $A \subset (A \cup B)$，$B \subset (A \cup B)$．

2. 交集

定义　设 A 与 B 是两个集合，则 A 与 B 的公共元素组成的集合称为 A 与 B 的交集，记为 $A \cap B$，如图 1-4 所示，读作 A 交 B，即

$$A \cap B = \{x \mid x \in A \text{ 且 } x \in B\}$$

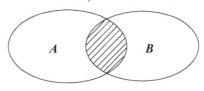

图 1-4

例如，若 $A = \{x \mid -3 < x < 5\}$，$B = \{x \mid -1 < x < 8\}$，则 $A \cap B = \{x \mid -1 < x < 5\}$．

性质　设 A，B，C 是任意的集合，U 是全集，则有：

① $\varnothing \cap A = \varnothing$，$A \cap U = A$；

② $A \supset (A \cap B)$，$B \supset (A \cap B)$．

3. 差集

定义　设 A 与 B 是两个集合，则 A 中去掉 B 的元素组成的集合称为 A 与 B 的差集，记为 $A - B$，如图 1-5 所示，读作 A 减 B，即

$$A - B = \{x \mid x \in A \text{ 且 } x \notin B\}$$

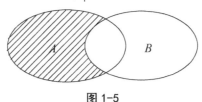

图 1-5

例如：

① 若 $A = \{11, 12, 13, 14, 15\}$，$B = \{13, 14, 15, 16, 17\}$，则 $A - B = \{11, 12\}$．

② 若 $A = \{x \mid -3 < x < 5\}$，$B = \{x \mid -1 < x < 8\}$，则 $A - B = \{x \mid -3 < x \leqslant -1\}$．

性质　设 A，B，C 是任意的集合，U 是全集，则有：

① $\varnothing - A = \varnothing$，$A - \varnothing = A$，$A - A = \varnothing$；

② $A - B \subset A$．

4. 补集

定义　属于全集 U 而不属于集合 A 的元素组成的集合称为集合 A 相对于全集 U 的补集，记为 $\complement_U A$，如图 1-6 所示，即

$$\complement_U A = \{x \mid x \in U, \text{ 且 } x \notin A\}$$

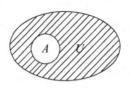

图 1-6

性质　设 A 是任意的集合，U 是全集，则有：

① $\complement_U\varnothing=U$，$\complement_U U=\varnothing$；

② $\complement_U A\cup A=U$，$\complement_U A\cap A=\varnothing$；

③ $\complement_U(A\cup B)=\complement_U A\cap\complement_U B$，$\complement_U(A\cap B)=\complement_U A\cup\complement_U B$.

5. 集合的运算律

(1) 交换律

① $A\cup B=B\cup A$.

② $A\cap B=B\cap A$.

(2) 结合律

① $(A\cup B)\cup C=A\cup(B\cup C)$.

② $(A\cap B)\cap C=A\cap(B\cap C)$.

(3) 分配律

① $(A\cup B)\cap C=(A\cap C)\cup(B\cap C)$.

② $(A\cap B)\cup C=(A\cup C)\cap(B\cup C)$.

1.1.3　区间、邻域

1. 有限区间

设 a，b 为实数，且 $a<b$.

① 开区间：实数集合 $\{x\mid a<x<b\}$ 称为以 a 为左端点、b 为右端点的开区间，记为 (a,b)，如图 1-7 所示，即

$$(a,b)=\{x\mid a<x<b\}$$

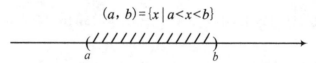

图 1-7

② 左开右闭区间：实数集合 $\{x\mid a<x\leqslant b\}$ 称为以 a 为左端点、b 为右端点的左开右闭区间，记为 $(a,b]$，如图 1-8 所示，即

$$(a,b]=\{x\mid a<x\leqslant b\}$$

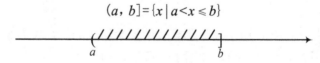

图 1-8

③ 左闭右开区间：实数集合 $\{x \mid a \leqslant x < b\}$ 称为以 a 为左端点、b 为右端点的左闭右开区间，记为 $[a, b)$，如图 1-9 所示，即

$$[a, b) = \{x \mid a \leqslant x < b\}$$

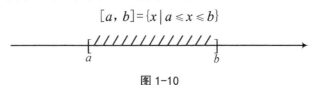

图 1-9

④ 闭区间：实数集合 $\{x \mid a \leqslant x \leqslant b\}$ 称为以 a 为左端点、b 为右端点的闭区间，记为 $[a, b]$，如图 1-10 所示，即

$$[a, b] = \{x \mid a \leqslant x \leqslant b\}$$

图 1-10

2. 无限区间

① $(a, +\infty) = \{x \mid x > a\}$，表示大于 a 的实数集合.

② $[a, +\infty) = \{x \mid x \geqslant a\}$，表示大于或等于 a 的实数集合.

③ $(-\infty, b) = \{x \mid x < b\}$，表示小于实数 b 的集合.

④ $(-\infty, b] = \{x \mid x \leqslant b\}$，表示小于或等于实数 b 的集合.

⑤ $(-\infty, +\infty) = \{x \mid -\infty < x < +\infty\}$，表示全体实数的集合.

3. 邻域

设 $\delta > 0$，区间 $(x_0 - \delta, x_0 + \delta)$ 称为点 x_0 的 δ 邻域，点 x_0 为该邻域的中心，δ 为该邻域的半径，如图 1-11 所示；两个区间的并集 $(x_0 - \delta, x_0) \cup (x_0, x_0 + \delta)$ 称为点 x_0 的去心 δ 邻域，如图 1-12 所示.

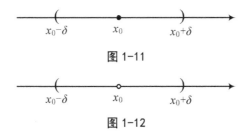

图 1-11

图 1-12

例如：点 1 的 $\dfrac{1}{2}$ 邻域为 $\left(1 - \dfrac{1}{2}, 1 + \dfrac{1}{2}\right) = \left(\dfrac{1}{2}, \dfrac{3}{2}\right)$，点 1 的 $\dfrac{1}{2}$ 去心邻域为 $\left(\dfrac{1}{2}, 1\right) \cup \left(1, \dfrac{3}{2}\right)$.

练习 1.1

1. 用列举法表示下列集合.

① 方程 $x^2 + 7x + 12 = 0$ 的解的集合；

② 抛物线 $y = x^2$ 与直线 $x - y = 0$ 交点的集合；

③ 集合 $\{x\,|\,|x-1|\leqslant 5$ 的整数$\}$.

2. 用集合的描述法表示下列集合.

① 大于 5 的所有实数的集合；

② 圆 $x^2+y^2=25$ 的内部（不包括圆周）所有点的集合；

③ 抛物线 $y=x^2$ 与直线 $x+y=0$ 交点的集合.

3. 下列集合中，哪些集合是空集？

$A=\{x\,|\,x-1=0\}$，$B=\{x\,|\,x^2+1=0,\ x\in\mathbf{R}\}$，$C=\{x\,|\,x<-1\ \text{且}\ x>0\}$，

$D=\{x\,|\,x>1\ \text{且}\ x<5\}$，$E=\{(x,y)\,|\,x^2+y^2=1\ \text{且}\ x+y=3,\ x,y\in\mathbf{R}\}$.

4. 已知 $A=\{0,1,2\}$，$B=\{1,2\}$，下列各式中，哪些是对的，哪些不对？

$1\in A$,	$0\notin B$,	$\{1\}\in A$,	$1\subset A$,
$\{1\}\subset A$,	$\{0\}\in B$,	$A=B$,	$A\supset B$,
$\varnothing\subset A$,	$A\subset A$.		

5. 如果 A 是非空集合，且 A 不等于全集 U，下列各个等式中，哪些是对的，哪些不对？

$A\cap A=A$,	$A\cup A=A$,	$A\cap A=\varnothing$,	$A\cup\varnothing=A$,
$A\cup\varnothing=\varnothing$,	$A\cup U=U$,	$A\cap U=A$,	$A\cap\varnothing=A$,
$A\cap\varnothing=\varnothing$,	$A-A=A$,	$A-A=\varnothing$,	$\complement_U A=U$.

6. 设 $A=\{x\,|\,x^2-16<0\}$，$B=\{x\,|\,x^2-4x+3\geqslant 0\}$，$U=\mathbf{R}$，求：

① $A\cap B$；　② $A\cup B$；　③ $B-A$；　④ $\complement_U A$；

⑤ $\complement_U B$；　⑥ $\complement_U(A\cap B)$.

7. 设 $A=\{a,b,c\}$，$B=\{b,e,f\}$，$C=\{a,c,f\}$，求：

$A\cup B$，　　　$B\cap C$，　　　$A\cap C$，

$(A\cup B)\cap C$，　　$(B\cap C)\cup(A\cap C)$.

1.2 函　　数

1.2.1 函数的概念

1. 函数的定义

定义　设 f 是集合 X 和 Y 之间的一种对应关系，如果对 X 中的每个元素 x，通过 f 都有 Y 中唯一确定的元素 y 与 x 对应，则称 f 是从 X 到 Y 的映射，记为

$$f: X\to Y \quad\text{或}\quad y=f(x),\ x\in X$$

如果 X 和 Y 都是表示实数的集合，则称映射 f 是函数，称 X 为定义域，记为 D_f；称函数值的集合 $\{y\,|\,y=f(x),\ x\in X\}$ 为 f 的值域，记为 R_f.

设 $y=f(x)$ 是一个给定的函数，定义域为 D_f，在平面直角坐标系中，用 x 轴上的点表示自变量的值，用 y 轴上的点表示函数值，这样，D_f 内每一个 x 和相应的函数值 $y=f(x)$ 确定了一个点 $P(x, y)$，当 x 在 D_f 内变动时，点 P 便在平面上移动，所有这些点的集合 $\{P(x, y)\,|\,y=f(x), x\in D_f\}$ 称为函数 $y=f(x)$ 的图像．一般地，函数 $y=f(x)$ 的图像是平面上的一条曲线，通常也称它为曲线 $y=f(x)$．

如果两个函数的定义域相同，对应关系也相同，则称这两个函数相同（或相等），否则称这两个函数不相同（或不相等），至于自变量和函数（也称为因变量）用什么符号表示，则没有什么关系．因此，只要定义域相同，对应关系 f 相同，则函数 $y=f(x)$ 和函数 $u=f(t)$ 表示同一个函数．

2. 函数的表示法

表示函数的常用方法有三种，公式法（也称为解析法）、表格法（也称为列表法）和图形法（也称为图像法）．下面分别举例说明．

用公式法表示函数．例如：$y=\dfrac{1}{x(x-1)}+\sqrt{9-x^2}$，表示 y 是 x 的函数，它的定义域 $D_f=[-3, 0)\cup(0, 1)\cup(1, 3]$．

用表格法表示函数．例如某城市一年里各个月的平均气温如表 1-1 所示，这里每个月的平均气温是月份数的函数，它的定义域 $D_f=\{1, 2, 3, 4, 5, 6, 7, 8, 9, 10, 11, 12\}$．

表 1-1

月份 x	1	2	3	4	5	6	7	8	9	10	11	12
平均气温 y	-2.5	-2.8	3.9	9.7	18.2	27.4	30.5	31.2	29.8	19.3	4.5	0.7

用图形法表示函数．例如某河道的横断面如图 1-13 所示，河面上任意的一点和岸边一点 O 的水平距离 x 与该点处的河深 y 之间的对应关系，用图中的曲线表示．

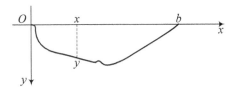

图 1-13

本例中，河深 y 是水平距离 x 的函数，其关系用图形表示，它的定义域 $D_f=[0, b]$．

在实际中经常会用到一个取整函数，记为 $y=[x]$，它用来表示不大于 x 的整数，例如，$\left[\dfrac{5}{7}\right]=0,\ [\sqrt{2}]=1,\ [\pi]=3,\ [-1]=-1,\ [-3.5]=-4$，它的图像如图 1-14 所示．

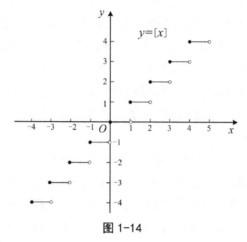

图 1-14

3. 分段函数

定义   如果一个函数对其定义域内的自变量 x 不同的值，不能用一个数学表达式(不包括绝对值表达式)表示函数值和自变量间的关系，而至少要用两个数学表达式表示，则称这样的函数为分段函数.

例如：$y = \begin{cases} x+1, & x<0 \\ 0, & x=0 \\ x-1, & x>0 \end{cases}$ 和 $y = \begin{cases} -1, & x<0 \\ 0, & x=0 \\ x, & x>0 \end{cases}$

都是定义在 $(-\infty, +\infty)$ 上的分段函数.

分段函数的定义域一般都分成若干部分，每一部分称为一段，段和段之间的交接点称为分界点或分段点. 注意，分段函数是至少用两个数学式子表示的同一个函数，而不是几个函数.

下面介绍几个常用的分段函数.

(1) 绝对值函数

$$y = |x| = \begin{cases} x, & x \geq 0 \\ -x, & x < 0 \end{cases}$$

绝对值函数定义域为 $(-\infty, +\infty)$，值域为 $[0, +\infty)$.

绝对值函数的图像如图 1-15 所示.

(2) 符号函数

$$y = \operatorname{sgn} x = \begin{cases} 1, & x > 0 \\ 0, & x = 0 \\ -1, & x < 0 \end{cases}$$

符号函数的定义域为 $(-\infty, +\infty)$，值域为 $\{-1, 0, 1\}$.

对于任何实数 x 有下列关系：$x = \operatorname{sgn} x \cdot |x|$.

符号函数的图像如图 1-16 所示.

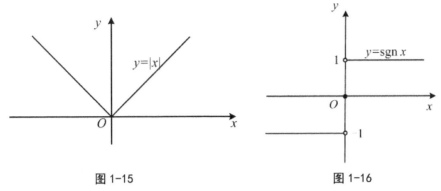

图 1-15　　　　　　　　　　　　　图 1-16

(3) 狄利克雷(Dirichlet)函数

$$D(x) = \begin{cases} 1, & x \in \mathbf{Q} \\ 0, & x \in \complement_U \mathbf{Q} \end{cases}$$

上述式子中的全集 U 为 $(-\infty, +\infty)$，它是狄利克雷函数的定义域.

【例 1】用分段函数的形式表示函数 $y = 5 - |2x - 1|$.

【解】 $D_f = (-\infty, +\infty)$.

令 $|2x - 1| = 0$，得 $x = \dfrac{1}{2}$.

$$\therefore y = 5 - |2x - 1| = \begin{cases} 5 - (1 - 2x), & x < \dfrac{1}{2} \\ 5 - (2x - 1), & x \geqslant \dfrac{1}{2} \end{cases} = \begin{cases} 4 + 2x, & x < \dfrac{1}{2} \\ 6 - 2x, & x \geqslant \dfrac{1}{2} \end{cases}.$$

4. 隐函数

定义　由二元方程式 $F(x, y) = 0$ 所确定的 y 和 x 的函数关系称为隐函数，其中因变量 y 不一定能用自变量 x 直接表示出来.

例如：由方程 $xe^y - y + 1 = 0$ 所确定的 y 和 x 的函数关系，就不能写成 $y = f(x)$ (显函数)的形式，因而称其为隐函数.

1.2.2　函数的基本性质

1. 单调性

定义　设函数 $y = f(x)$ 在某区间内有定义，如果对该区间内任意两点 x_1 和 x_2，当 $x_1 < x_2$ 时，有 $f(x_1) < f(x_2)$ (或 $f(x_1) \leqslant f(x_2)$)，则称函数 $f(x)$ 在该区间内严格单调增加(或单调增加). 反之，如果对某区间内任意两点 x_1 和 x_2，当 $x_1 < x_2$ 时，有 $f(x_1) > f(x_2)$ (或 $f(x_1) \geqslant f(x_2)$)，则称函数 $f(x)$ 在该区间内严格单调减少(或单调减少). 如果 $f(x)$ 在 D_f 上单调增加，则称 $f(x)$ 为单调增加函数(或单调增函数)；如果 $f(x)$ 在 D_f 上单调减少，则称 $f(x)$ 为单调减少函数(或单调减函数). 单调增加函数和单调减少函数统称为单调函数.

在几何上，严格单调增加函数的图像是随着 x 增加而上升的曲线；严格单调减少函数的图像是随着 x 增加而下降的曲线.

例如：函数 $y=x^2$ 不是其定义域 $(-\infty, +\infty)$ 上的严格单调函数，但是它在 $(-\infty, 0]$ 上严格单调减少，在 $[0, +\infty)$ 上严格单调增加；$y=x^3$ 是严格单调增加函数；$y=\left(\dfrac{1}{2}\right)^x$ 是严格单调减少函数.

2. 奇偶性

定义　设函数 $y=f(x)$ 的定义域 D_f 关于原点对称，如果对任意的 $x \in D_f$，都有 $f(-x)=f(x)$，则称 $f(x)$ 为偶函数；如果对任意的 $x \in D_f$，都有 $f(-x)=-f(x)$，则称 $f(x)$ 为奇函数.

例如，绝对值函数是一个偶函数，而符号函数则是一个奇函数.

在几何上，偶函数的图像关于 y 轴对称，奇函数的图像关于原点对称.

3. 周期性

定义　设函数 $y=f(x)$，如果存在常数 ω，对一切 $x \in D_f$，都有 $f(x+\omega)=f(x)$，则称 $f(x)$ 为周期函数，称 ω 为 $f(x)$ 的一个周期.

在几何上，自变量每增加或减少一个周期，周期函数的图像都重复出现.

例如，$y=\sin x$ 和 $y=\cos x$ 都是周期函数，周期都是 $2k\pi (k \in \mathbf{Z})$，最小正周期都是 2π；$y=\tan x$ 和 $y=\cot x$ 都是周期函数，周期都是 $k\pi (k \in \mathbf{Z})$，最小正周期都是 π.

狄利克雷函数也是一个周期函数，任何一个有理数都是它的周期.

习惯上，如果一个函数存在最小正周期，就称这个最小正周期为该函数的周期.

4. 有界性

定义　设函数 $y=f(x)$，如果存在两个常数 A 和 B，使得对一切 $x \in D_f$，都有 $A \leqslant f(x) \leqslant B$，则称 $y=f(x)$ 在 D_f 上有界，也简称 $f(x)$ 有界.

定义　设函数 $y=f(x)$，如果存在常数 $M>0$，使得对一切 $x \in D_f$，都有 $|f(x)| \leqslant M$，则称 $f(x)$ 有界.

上述两个定义等价.

例如，$y=\sin x$，$y=\cos x$，$y=C$（C 为常数）都是有界函数.

在几何上，有界函数的图像包含在两条平行于 x 轴的水平直线之间.

【例2】 下列函数中，有界的函数是（　　　　）.

A. $\dfrac{2x}{1+x^2}$

B. $(-1)^{\frac{n(n+1)}{2}} \cos \dfrac{\pi}{n}$

C. $\dfrac{1}{1+x^2}$

D. $2\sin 3x + 3\cos x - 1$

【解】$\because\ \left|\dfrac{2x}{1+x^2}\right|=\dfrac{2|x|}{1+x^2}\leqslant 1$，$\left|(-1)^{\frac{n(n+1)}{2}}\cos\dfrac{\pi}{n}\right|\leqslant 1$，$0<\dfrac{1}{1+x^2}\leqslant 1$，

$|2\sin 3x+3\cos x-1|\leqslant 2|\sin 3x|+3|\cos x|+1\leqslant 2+3+1=6$.

$\therefore$ 选 A，B，C，D.

1.2.3　复合函数

定义　设函数 $y=f(u)$ 的定义域为 D_f，函数 $u=g(x)$ 的值域为 R_g，如果 $D_f\cap R_g\neq\varnothing$，则称 $y=f[g(x)]$ 为 $y=f(u)$ 和 $u=g(x)$ 的复合函数，其中 $y=f(u)$ 称为外函数，$u=g(x)$ 称为内函数，u 称为中间变量.

【例3】 已知 $y=f(u)=\sqrt{u}$，$u=g(x)=a-x^2$，讨论当 $a=1$，$a=-1$ 时，$y=f[g(x)]$ 是不是复合函数.

【解】 ① 当 $a=1$ 时，有 $y=\sqrt{u}$，$u=1-x^2$.

$D_f=[0,+\infty)$，$R_g=(-\infty,1]$，$D_f\cap R_g=[0,1]\neq\varnothing$.

$\therefore\ y=f(u)=\sqrt{1-x^2}$ 是复合函数.

令 $1-x^2\geqslant 0$，得 $|x|\leqslant 1$，因此复合函数 $y=\sqrt{1-x^2}$ 的定义域为 $[-1,1]$.

② 当 $a=-1$ 时，有 $y=\sqrt{u}$，$u=-1-x^2$.

$D_f=[0,+\infty)$，$R_g=(-\infty,-1]$，$D_f\cap R_g=\varnothing$.

$\therefore\ y=f(u)=\sqrt{-1-x^2}$ 不是复合函数.

【例4】 ① 已知 $y=f(u)=\sqrt{u}$，$u=2+v^2$，$v=\cos x$，把 y 表示为 x 的函数；

② $f(x)=3x^2+2x$，$g(x)=\lg(1+x)$，求 $f[g(x)]$.

【解】 ① $y=\sqrt{2+v^2}=\sqrt{2+\cos^2 x}$.

② $f[g(x)]=f[\lg(1+x)]=3\lg^2(1+x)+2\lg(1+x)$.

【例5】 分析下列复合函数的复合结构.

① $y=\sin e^{x^2+x}$；　　　　　　② $y=\ln\cos\sqrt{x^2+1}$.

【解】 ① 最外层是 $y=\sin u$，第 2 层是 $u=e^v$，内层是 $v=x^2+x$，这里的 u，v 都是中间变量.

② 最外层是 $y=\ln u$，第 2 层是 $u=\cos v$，第 3 层是 $v=\sqrt{w}$，最内层是 $w=x^2+1$，这里的 u，v，w 都是中间变量.

注意　分析复合函数 $y=f[g(x)]$ 的复合结构时，应先写出最外层函数 $y=f(u)$，然后写出内层函数 $u=g(x)$，如果内层函数仍然是复合函数，要继续分解，直到最后一个函数是由基本初等函数和常数函数经过有限次四则运算得到的函数为止.

1.2.4 反函数

1. 反函数概念

定义 如果对函数 $y=f(x)$ 值域 R_f 中的任意的一个 y 值，都可以通过关系 $y=f(x)$ 在它的定义域 D_f 内确定唯一的 x 与它对应，就可以得到一个定义在 R_f 上的以 y 为自变量，x 为因变量的函数，称这个函数为 $y=f(x)$ 的反函数，记为

$$f^{-1}: R_f \to D_f \qquad 或 \qquad x=f^{-1}(y)$$

习惯上，把 $y=f(x)$ 的反函数 $x=f^{-1}(y)$ 表示为 $y=f^{-1}(x)$，此时，其定义域为 $D_{f^{-1}}=R_f$，值域 $R_{f^{-1}}=D_f$.

在几何上，$y=f(x)$ 与它的反函数 $y=f^{-1}(x)$ 的图像关于直线 $y=x$ 对称.

2. 反函数存在定理

定理 若函数 $y=f(x)$ 是严格单调增加(或减少)的函数,则函数 $y=f(x)$ 存在反函数 $y=f^{-1}(x)$，且此反函数也是严格单调增加(或减少)的函数.

例如，函数 $y=x^3$，$x \in (-\infty, +\infty)$ 是严格单调增加函数，因此它有反函数 $y=\sqrt[3]{x}$，$x \in (-\infty, +\infty)$，且 $y=\sqrt[3]{x}$ 也是严格单调增加函数.

【例6】 求下列函数的反函数.

① $y=\dfrac{x+2}{x-2}$；   ② $y=1+\ln(3x+2)$.

【解】 ① $y=\dfrac{x+2}{x-2} \Rightarrow (x-2)y=x+2 \Rightarrow xy-x=2y+2 \Rightarrow x=\dfrac{2y+2}{y-1}$.

所以反函数为 $y=\dfrac{2x+2}{x-1}$.

② $y=1+\ln(3x+2) \Rightarrow \ln(3x+2)=y-1 \Rightarrow e^{\ln(3x+2)}=e^{y-1} \Rightarrow 3x+2=e^{y-1}$

$\Rightarrow x=\dfrac{1}{3}(e^{y-1}-2)$.

所以反函数为 $y=\dfrac{1}{3}(e^{x-1}-2)$.

从例6可知，求 $y=f(x)$ 的反函数的过程为：①以 x 为未知数解方程 $y=f(x)$，得 $x=f^{-1}(y)$；②得出反函数为 $y=f^{-1}(x)$.

【例7】 求下列函数的反函数.

① $y=x^2-1$，$x \geqslant 0$；   ② $y=\sqrt{x}-1$，$x \geqslant 1$.

【解】 ① $y=x^2-1 \Rightarrow x^2=y+1 \Rightarrow x=\pm\sqrt{y+1}$，因为 $x \geqslant 0$，所以 $x=\sqrt{y+1}$.

又因为 $y=x^2-1$，$x \geqslant 0$，所以 $y \geqslant -1$.

因此反函数为 $y=\sqrt{x+1}$，$x \geqslant -1$.

② $y=\sqrt{x}-1 \Rightarrow x=(y+1)^2$，因为 $y=\sqrt{x}-1$，$x \geqslant 1$，所以 $y \geqslant 0$.

因此反函数为 $y = (x+1)^2$，$x \geqslant 0$.

从例 7 可知，在某个定义域上求 $y=f(x)$ 的反函数的过程为：①以 x 为未知数解方程 $y=f(x)$，得 $x=f^{-1}(y)$；②由 $y=f(x)$ 求出 y 的值域；③得出反函数为 $y=f^{-1}(x)$，x 在某个定义域上.

1.2.5　反三角函数

1. 反正弦函数

定义　函数 $y = \sin x$ 在 $\left[-\dfrac{\pi}{2}, \dfrac{\pi}{2}\right]$ 上的反函数称为反正弦函数，记为 $y = \arcsin x$，它的定义域为 $[-1, 1]$，值域为 $\left[-\dfrac{\pi}{2}, \dfrac{\pi}{2}\right]$.

定理　①　$\sin(\arcsin x) = x$，$x \in [-1, 1]$，$\arcsin x \in \left[-\dfrac{\pi}{2}, \dfrac{\pi}{2}\right]$.

②　$y = \arcsin x$ 是 $[-1, 1]$ 上严格单调增加和有界的奇函数.

常用的反正弦函数值如下：

$$\arcsin(-1) = -\frac{\pi}{2} \qquad\qquad \arcsin\left(-\frac{\sqrt{3}}{2}\right) = -\frac{\pi}{3}$$

$$\arcsin\left(-\frac{\sqrt{2}}{2}\right) = -\frac{\pi}{4} \qquad\qquad \arcsin\left(-\frac{1}{2}\right) = -\frac{\pi}{6}$$

$$\arcsin 0 = 0 \qquad\qquad\qquad \arcsin\frac{1}{2} = \frac{\pi}{6}$$

$$\arcsin\frac{\sqrt{2}}{2} = \frac{\pi}{4} \qquad\qquad \arcsin\frac{\sqrt{3}}{2} = \frac{\pi}{3}$$

$$\arcsin 1 = \frac{\pi}{2}$$

反正弦函数的图像如图 1-17 的左图所示.

2. 反余弦函数

定义　函数 $y = \cos x$ 在 $[0, \pi]$ 上的反函数称为反余弦函数，记为 $y = \arccos x$，它的定义域为 $[-1, 1]$，值域为 $[0, \pi]$.

定理　①　$\cos(\arccos x) = x$，$x \in [-1, 1]$，$\arccos x \in [0, \pi]$.

②　$y = \arccos x$ 是 $[-1, 1]$ 上严格单调减少和有界的函数.

③　$\arccos(-x) = \pi - \arccos x$，$x \in [-1, 1]$.

常用的反余弦函数值如下：

$$\arccos(-1) = \pi \qquad\qquad \arccos\left(-\frac{\sqrt{3}}{2}\right) = \frac{5\pi}{6}$$

$$\arccos\left(-\frac{\sqrt{2}}{2}\right)=\frac{3\pi}{4} \qquad \arccos\left(-\frac{1}{2}\right)=\frac{2\pi}{3}$$

$$\arccos 0 = \frac{\pi}{2} \qquad \arccos\frac{1}{2}=\frac{\pi}{3}$$

$$\arccos\frac{\sqrt{2}}{2}=\frac{\pi}{4} \qquad \arccos\frac{\sqrt{3}}{2}=\frac{\pi}{6}$$

$$\arccos 1 = 0$$

反余弦函数的图像如图 1-17 的右图所示.

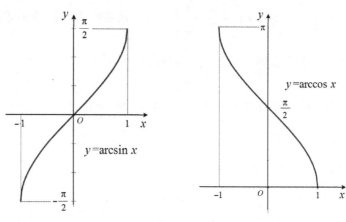

图 1-17

3. 反正切函数

定义　函数 $y=\tan x$ 在 $\left(-\dfrac{\pi}{2},\dfrac{\pi}{2}\right)$ 上的反函数称为反正切函数,记为 $y=\arctan x$,它的定义域为 $(-\infty,+\infty)$,值域为 $\left(-\dfrac{\pi}{2},\dfrac{\pi}{2}\right)$.

定理　① $\tan(\arctan x)=x$,$x\in(-\infty,+\infty)$,$\arctan x\in\left(-\dfrac{\pi}{2},\dfrac{\pi}{2}\right)$.

② $y=\arctan x$ 是 $(-\infty,+\infty)$ 上严格单调增加和有界的奇函数.

常用的反正切函数值如下:

$$\arctan 0 = 0 \qquad \arctan\frac{\sqrt{3}}{3}=\frac{\pi}{6}$$

$$\arctan 1 = \frac{\pi}{4} \qquad \arctan\sqrt{3}=\frac{\pi}{3}$$

反正切函数的图像如图 1-18 的上图所示.

4. 反余切函数

定义　函数 $y=\cot x$ 在 $(0,\pi)$ 上的反函数称为反余切函数,记为 $y=\operatorname{arccot} x$,它的定义域为 $(-\infty,+\infty)$,值域为 $(0,\pi)$.

定理　① $\cot(\operatorname{arccot} x)=x$,$x\in(-\infty,+\infty)$,$\operatorname{arccot} x\in(0,\pi)$.

② $y=\operatorname{arccot} x$ 是 $(-\infty,+\infty)$ 上严格单调减少和有界的函数.

③　$\mathrm{arccot}(-x) = \pi - \mathrm{arccot}\, x$，$x \in (-\infty, +\infty)$.

常用的反余切函数值如下：

$$\mathrm{arccot}\, 0 = \frac{\pi}{2} \qquad\qquad \mathrm{arccot}\, \frac{\sqrt{3}}{3} = \frac{\pi}{3}$$

$$\mathrm{arccot}\, 1 = \frac{\pi}{4} \qquad\qquad \mathrm{arccot}\, \sqrt{3} = \frac{\pi}{6}$$

反余切函数的图像如图 1-18 的下图所示.

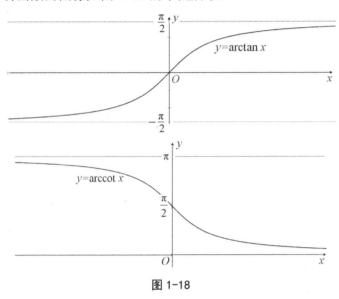

图 1-18

1.2.6　初等函数

1.　基本初等函数

定义　以下五类函数称为基本初等函数：

幂函数　　　　$y = x^{\mu}$（μ 为任意的实数）；

指数函数　　　$y = a^{x}$（$a > 0$ 且 $a \neq 1$）；

对数函数　　　$y = \log_{a} x$（$a > 0$ 且 $a \neq 1$，当 $a = \mathrm{e}$ 时，记为 $y = \ln x$）；

三角函数　　　$y = \sin x$，$y = \cos x$，$y = \tan x$，$y = \cot x$，$y = \sec x$，$y = \csc x$；

反三角函数　$y = \arcsin x$，$y = \arccos x$，$y = \arctan x$，$y = \mathrm{arccot}\, x$.

【例 8】下列函数中，基本初等函数有（　　　　　　）.

A．$y = \sqrt{x}$ 　　　　　B．$y = 2x + 1$ 　　　　　C．$y = \sin \mathrm{e}^{x}$

D．$y = \ln \sin x$ 　　　E．$y = 3^{x}$ 　　　　　　F．$y = 1 + x + x^{3}$

【解】$y = \sqrt{x}$ 为幂函数，$y = 3^{x}$ 为指数函数，选 A，E.

注意：由几个函数复合而成的复合函数不是基本初等函数.

2.　初等函数

定义　由基本初等函数和常数经过有限次四则运算或复合运算得到的函数统称为初等函数.

由定义可知，基本初等函数也是初等函数. 初等函数是可以用一个数学表达式表示的函数，通常，不把分段函数和绝对值函数称为初等函数.

【例9】下列函数中，初等函数有（　　　　　）.

A. $y = \ln x + \arctan \sqrt{\dfrac{1-\sin x}{1+\sin x}}$　　　　　B. $y = x$

C. $y = C$（C 为常数）　　　　　D. $y = \sin \ln(x^2+1)$

E. $y = \begin{cases} x^2, & x > 0 \\ 2\cos x, & x \leqslant 0 \end{cases}$　　　　　F. $y = \ln |x|$

【解】按定义，选 A，B，C，D.

微积分研究的对象是函数，主要研究初等函数，分段函数和绝对值函数是非初等函数中两类重要的函数，学习中要对它们引起足够的重视.

练习 1.2

1. 求下列函数的定义域.

① $y = \mathrm{e}^{\frac{1}{x}} + \dfrac{x+2}{\sqrt{1-x^2}}$；　　　　　② $y = \ln \dfrac{1}{1-x} + \sqrt{x+2}$；

③ $y = \dfrac{1}{\sqrt{(x-2)(x+3)}} + \ln(x+1)(4-x)$；

④ $y = \dfrac{1}{\sqrt{x+2}} + 3^{\arccos x} + \dfrac{1}{x}$.

2. 求下列函数的定义域.

① $f(x) = \begin{cases} 0, & 0 \leqslant x < 1 \\ x^2+1, & 1 < x < 2 \\ x-1, & 2 \leqslant x < 10 \end{cases}$；　　　　　② $f(x) = \begin{cases} \sqrt{1-x^2}, & |x| \leqslant 1 \\ x^2-1, & 1 < |x| < 4 \end{cases}$.

3. 已知 $f(x)$ 的定义域为 $[0,1]$，求下列函数的定义域.

① $f(x^2)$；　　　　　② $f(\sin x)$；

③ $f(x+a)$ $(a>0)$；　　　　　④ $f(\lg x)$.

4. 设 $f(x) = \begin{cases} 1, & 0 \leqslant x \leqslant 1 \\ 2, & 1 < x \leqslant 2 \end{cases}$，求下列函数的定义域.

① $f(2x)$；　　　　　② $f(x-2)$；

③ $g(x) = f(2x) + f(x-2)$.

5. 设 $f(x) = \dfrac{1-x}{1+x}$，求 $f(0)$，$f(-x)$，$f(x+1)$，$f(x)+1$，$f\left(\dfrac{1}{x}\right)$，$f[f(x)]$，$f\left[f\left(\sin \dfrac{\pi}{2}\right)\right]$.

6. 设 $g(x)=\begin{cases}2^x, & -1<x<0 \\ 2, & 0\leqslant x<1 \\ x-1, & 1\leqslant x\leqslant 3\end{cases}$ ，求 $g(3)$，$g(2)$，$g(0)$，$g(0.5)$，$g(-0.5)$．

7. 设 $f(x)=\begin{cases}|\sin x|, & |x|<1 \\ 0, & |x|\geqslant 1\end{cases}$ ，求 $f(1)$，$f\left(\dfrac{\pi}{4}\right)$，$f\left(-\dfrac{\pi}{4}\right)$，$f\left(\dfrac{\pi}{2}\right)$．

8. 设 $f(x)=\begin{cases}x-3, & 0\leqslant x\leqslant 1 \\ x^2+1, & 1<x\leqslant 5\end{cases}$ ，求 $f(x+1)$．

9. 用分段函数表示函数 $y=|3x+1|+2$．

10. ① $f\left(\dfrac{1}{x}\right)=\dfrac{x}{1+x}$ ，求 $f(x)$；

② $f\left(\mathrm{e}^{-x}\right)=-\mathrm{e}^{-2x}$ ，求 $f(x)$；

③ $f(x+4)=\begin{cases}x^2+4, & 1<x\leqslant 2 \\ \dfrac{1}{x-2}, & 2<x<4\end{cases}$ ，求 $f(x)$；

④ $f\left(\dfrac{1}{x}\right)=x+\sqrt{x^2+1}$ $(x<0)$，求 $f(x)$．

11. 求下列函数的反函数．

①　$y=\dfrac{\mathrm{e}^x}{\mathrm{e}^x+1}$ ；

②　$y=1+2\sin\dfrac{x-1}{x+1}$ ；

③　$y=1+\lg(x+2)$ ；

④　$y=3^{2x+5}$ ；

⑤　$y=2\sin 3x$ ；

⑥　$y=\dfrac{x+2}{x-2}$ ．

12. 求下列函数的反函数．

①　$y=x^2$，$x\leqslant 0$；

②　$y=-\sqrt[3]{x}$，$x\geqslant 0$；

③　$y=\sqrt[3]{x}-1$，$x\leqslant 0$；

④　$y=\sqrt{1-x^2}$，$0\leqslant x\leqslant 1$．

13. 求 $y=\begin{cases}x^2-1, & 0\leqslant x\leqslant 1 \\ x^2, & -1\leqslant x<0\end{cases}$ 的反函数．

14. 分别就 $a=2$，$a=\dfrac{1}{2}$，$a=-2$ 时，讨论 $y=\lg(a-\sin x)$ 是不是复合函数，如果是复合函数，求原来的函数 $y=\lg(a-\sin x)$ 的定义域．

15. 设 $f(x)=2x^2+x$，$g(x)=\mathrm{e}^{x-1}$，求 $f[g(x)]$，$g[f(x)]$．

16. 下列函数分别由哪些函数复合而成？

①　$y=\sin^3 x^3$ ；

②　$y=\ln\sin(1-x)$ ．

1.3 几种常见的经济函数

1. 需求函数

在经济活动中，一种商品的需求量是指消费者愿意购买且有能力购买的该商品的数量，它往往与诸多因素有关，如消费者的偏好、该商品本身的价格、消费者的收入以及与该商品相关的商品的价格等．一般来说，商品价格是最主要因素，在其他因素相对稳定的条件下，市场对某种商品的需求量主要取决于该商品自身的价格．

因此，我们暂且只把需求量 Q_d（或 Q）看作是该商品本身价格 P 的函数，即 $Q_d = f(P)$，称这个函数为**需求函数**．

一般来说，需求函数 $Q_d = f(P)$ 是关于价格 P 的单调减少函数，涨价会使需求量下降，降价会使需求量增加．反过来，需求量也会直接影响商品的价格，价格 P 也可以表示成需求量 Q_d 的函数 $P = \varphi(Q_d)$，称这个函数为**价格函数**．

【**例 10**】若某商品的需求量 Q_d 是价格 P 的线性函数，已知每台售价 500 元时，每月可销售 1500 台，如果每台售价降为 450 元时，每月可增销 250 台，试写出需求函数．

【**解**】设需求量 Q_d 关于价格 P 的线性函数为 $Q_d = aP + b$，其中 a, b 是待定的常数，由题意得

$$\begin{cases} 1500 = 500a + b \\ 1750 = 450a + b \end{cases}$$

解出 $a = -5$，$b = 4000$，因此需求函数为 $Q_d = -5P + 4000$．

2. 供给函数

供给函数是对生产者或经营者而言的．供给必须具备两个条件：一是有出售商品的愿望，二是有可供出售的商品．类似于需求，供给也受许多因素的影响，若不考虑其他因素，直接讨论价格因素对供给的影响，这时供给量可看作价格的函数．设供给量为 Q_s（或 Q），价格为 P，记作 $Q_s = g(P)$，称这个函数为**供给函数**．

供给函数 $Q_s = g(P)$ 是价格的单调增加函数，在一般情况下，如果商品的价格降低，生产者或经营者获利就少，生产量也就减少，因而供给量减少；而当商品的价格上升时，则会导致供给量增加．

在经济领域中，所谓"**均衡价格**"就是指市场上对某种商品的需求量与供给量相等时的价格 P_0，当市场价格 $P > P_0$ 时，供大于求，商品滞销；当市场价格 $P < P_0$ 时，供不应求，商品短缺．

【例 11】 已知某商品的需求函数和供给函数分别为

$$Q_d = 14 - 1.5P \quad 和 \quad Q_s = -5 + 4P$$

求该商品的均衡价格.

【解】 由

$$14 - 1.5P = -5 + 4P,$$

得

$$P = \frac{19}{5.5} \approx 3.45.$$

即均衡价格为 $P_0 \approx 3.45$.

3. 成本函数、收益函数和利润函数

人们在从事生产和经营活动时，关心的是产品的成本、销售的收入和获得的利润. 通常把成本、收益和利润称为经济变量，在不考虑一些次要因素的情况下，这些经济变量都只与其产品的产量 x 有关，可以看成是 x 的函数.

(1) 成本函数 $C(x)$

例如，工厂生产某种产品，生产准备费为 C_0 元，称为**固定成本**；用于维修和添加设备、购买原材料、支付人工工资等的费用为 $C_1(x)$ 元，称为**可变成本**；则生产 x 件产品的**总成本**为

$$C(x) = C_0 + C_1(x)$$

而 $\dfrac{C(x)}{x}$ 称为**平均成本函数**，即单位产品的成本，记作 $\overline{C(x)}$，即

$$\overline{C(x)} = \frac{C(x)}{x}.$$

(2) 收益(或收入)函数 $R(x)$

设产品的单价为 P，销售量为 x，则销售收入 $R(x) = P \cdot x$，这里的 P 可以是给定的某常数，也可以是需求量 x 的函数 $P(x)$，那么 $R(x) = P(x) \cdot x$. $R(x)$ 称为**收益(收入)函数**.

(3) 利润函数 $L(x)$

设 x 件产品的成本函数为 $C(x)$，销售收入函数为 $R(x)$，则利润为 $L(x) = R(x) - C(x)$，$L(x)$ 称为**利润函数**.

如果考虑纳税，则纯利润函数为 $L(x) = R(x) - C(x) - r$，其中 r 为税额.

【例 12】 工厂生产某种产品，生产准备费 1000 元，每生产一件产品的可变成本 4 元，单位售价 8 元，求：①总成本函数；②单位成本函数；③销售收入函数；④利润函数.

【解】 设产量为 x，则

① 总成本函数 $C(x) = 1000 + 4x$；

② 单位成本函数 $\overline{C(x)} = \dfrac{1000}{x} + 4$；

③ 销售收入函数 $R(x) = 8x$；

④ 利润函数 $L(x) = 8x - (1000 + 4x) = 4x - 1000$.

【例 13】 生产某种产品,需固定成本 3 万元,每多生产 1 百台,成本增加 2 万元,已知需求函数 $Q_d = 20 - 2P$(其中 P 表示价格,单位为万元;Q_d 表示需求量,单位为百台),假设产销平衡,试写出利润函数 $L(Q_d)$ 的表达式.

【解】 收入 $\qquad R(Q_d) = P \cdot Q_d = \dfrac{20 - Q_d}{2} \cdot Q_d = -\dfrac{1}{2}Q_d^2 + 10Q_d$.

成本 $\qquad C(Q_d) = 3 + 2Q_d$.

利润 $\qquad L(Q_d) = R(Q_d) - C(Q_d)$

$$= -\frac{1}{2}Q_d^2 + 8Q_d - 3 \quad (0 < Q_d < 20).$$

练习 1.3

1. 设某产品的价格与销售量的关系为 $P = 10 - \dfrac{Q}{5}$. 求需求量分别为 20 及 30 时的总收益 R 及平均收益 $\overline{R}$.

2. 生产某种产品的固定成本为 1 万元,每生产一件该产品所需费用为 20 元,若该产品出售的单价为 30 元,试求:

① 生产 x 件该产品的总成本和平均成本;

② 售出 x 件该产品的总收入;

③ 若生产的产品都能够售出,则生产 x 件该产品的利润是多少?

3. 某报纸的发行量以一定的速度增加,3 个月前发行量为 32 000 份,现在为 44 000 份.

① 写出发行量依赖于时间的函数关系,画出函数图像;

② 从当前起,2 个月后的发行量是多少?

4. 某厂生产的手掌游戏机每台可卖 110 元,固定成本为 7500 元,可变成本为每台 60 元.

① 要卖多少台手掌游戏机,厂家才可保本?

② 卖掉 100 台的话,厂家盈利或亏损多少?

③ 要获得 1250 元利润,需要卖多少台?

习 题 1

一、单项选择题

1. 下列集合中，（　　）是空集.

    A. $\{0,1,2\}\cap\{0,3,4\}$　　　　B. $\{1,2,3\}\cap\{5,6,7\}$

    C. $\{(x,y)\,|\,y=x\,且\,y=2x\}$　　D. $\{x\,|\,|x|<1\,且\,x\geqslant 0\}$

2. 下列各组函数中，表示相同函数的有（　　　　）.

    A. $y_1=\cos x$ 与 $y_2=\sqrt{1-\sin^2 x}$

    B. $y_1=\dfrac{x\ln(1-x)}{x^2}$ 与 $y_2=\dfrac{\ln(1-x)}{x}$

    C. $y_1=\sqrt{x(x+1)}$ 与 $y_2=\sqrt{x}\cdot\sqrt{x+1}$

    D. $y_1=\sqrt{x^2}$ 与 $y_2=x$

3. 下列函数中，（　　）不是奇函数.

    A. $\dfrac{|x|}{x}$　　　　B. $x\sin x$　　　　C. $\dfrac{a^x-1}{a^x+1}$　　　　D. $\dfrac{10^x-10^{-x}}{2}$

4. 若 $f(x-1)=x(x-1)$，则 $f(x)=$（　　　　）.

    A. $x(x+1)$　　B. $(x-1)(x-2)$　　C. $x(x-1)$　　　　D. 不存在

5. 区间 $[a,+\infty)$，表示的集合为（　　）.

    A. $\{x\,|\,x>a\}$　　B. $\{x\,|\,x\geqslant a\}$　　C. $\{x\,|\,x<a\}$　　D. $\{x\,|\,x\leqslant a\}$

6. 若 $\varphi(t)=t^3+1$，则 $\varphi(t^3+1)=$（　　　　）.

    A. t^3+1　　　　　　　　　　B. t^6+1

    C. t^6+2　　　　　　　　　　D. $t^9+3t^6+3t^3+2$

7. 函数 $y=\log_a\left(x+\sqrt{x^2+1}\right)$ 是（　　　）.

    A. 偶函数　　　　　　　　　　B. 奇函数

    C. 非奇非偶函数　　　　　　　D. 既是奇函数又是偶函数

8. 函数 $y=f(x)$ 与其反函数 $y=f^{-1}(x)$ 的图像关于（　　）直线对称.

    A. $y=0$　　B. $x=0$　　C. $y=x$　　　　D. $y=-x$

9. 函数 $y=10^{x-1}-2$ 的反函数是（　　　）.

    A. $y=\dfrac{1}{2}\lg\dfrac{x}{x-2}$　　　　　　B. $y=\log_x 2$

    C. $y=\log_2\dfrac{1}{x}$　　　　　　　　D. $y=1+\lg(x+2)$

10. 设 $f(x)=x+1$，则 $f[f(x)+1]=$（　　　　）.

    A. x　　　　　　　　　　　　B. $x+1$

    C. $x+2$　　　　　　　　　　D. $x+3$

二、填空题

1. 函数 $f(x) = \ln(x+5) - \dfrac{1}{\sqrt{2-x}}$ 的定义域是＿＿＿＿＿＿＿＿＿.

2. 若 $f\left(x+\dfrac{1}{x}\right) = x^2 + \dfrac{1}{x^2} + 3$，则 $f(x) = $＿＿＿＿＿＿.

3. 若 $f(x) = \dfrac{1}{1-x}$，则 $f(f(x)) = $＿＿＿＿＿＿.

4. $f(x) = |\sin x|$ 是以＿＿＿＿＿＿ 为最小正周期的函数.

5. 设 $f(x) = \dfrac{a^x+1}{a^x-1}(a>0,\ a\neq 1)$，则 $f^{-1}(x) = $＿＿＿＿＿＿.

6. 设 $f(x) = \begin{cases} 1, & x\leqslant 0 \\ 0, & x>0 \end{cases}$，则 $f(-x) = $＿＿＿＿＿＿.

三、解答题

1. 设 $f(x) = \begin{cases} \sqrt{1-x^2}, & |x|<1 \\ x^2+1, & |x|\geqslant 1 \end{cases}$，求 $f[f(x)]$.

2. 设 $f(x) = \begin{cases} 1+x, & x<0 \\ 1, & x\geqslant 0 \end{cases}$，求 $f[f(x)]$.

3. 设 $f(x) = \dfrac{x+|x|}{x}$，$g(x) = \begin{cases} x, & x<0 \\ x^2, & x\geqslant 0 \end{cases}$，求 $f[g(x)]$.

4. 求 $f(x) = (1+x^2)\,\mathrm{sgn}\,x$ 的反函数 $f^{-1}(x)$.

5. 判断下列说法是否正确，并说明理由.

① 复合函数 $f[g(x)]$ 的定义域即函数 $g(x)$ 的定义域；

② 周期函数的周期有无限多个；

③ 若 $y=f(u)$ 为偶函数，$u=u(x)$ 为奇函数，则 $f[u(x)]$ 为偶函数；

④ 任何一个周期函数都有最小的正周期；

⑤ 两个单调增函数之和仍为单调增函数；

⑥ 两个单调增(减)函数之积必为单调增(减)函数；

⑦ 若函数 $y=f(x)$ 为严格单调增加函数，则其反函数 $y=f^{-1}(x)$ 必为严格单调增加函数；

⑧ 由基本初等函数经过无限次四则运算而成的函数一定不是初等函数.

6. 已知函数 $f(x)$ 在 $(-\infty,+\infty)$ 内有定义，且当 k 为正数时，有 $f(x+k)=-f(x)$. 试证 $f(x)$ 在 $(-\infty,+\infty)$ 内是周期函数，并求周期.

第 2 章　极限与连续函数

极限是微积分学的理论基础，而连续函数则是微积分学研究的主要对象，本章所介绍的内容是微积分学的基础知识．

2.1　数列的极限

2.1.1　数列

1. 数列定义

定义　无穷多个数按照一定的次序排列得到的一列数

$$x_1, x_2, \cdots, x_n, \cdots$$

称为数列，记为 $\{x_n\}$，也可以说，数列是定义在正整数集合上的函数：

$$x_n = f(n) \quad (n=1, 2, 3, \cdots)$$

数列中的每个数称为数列的项，第 n 项 x_n 也称为数列的通项或一般项．

【例1】 数列的例子．

① $\left\{\dfrac{n}{n+1}\right\} : \dfrac{1}{2}, \dfrac{2}{3}, \cdots, \dfrac{n}{n+1}, \cdots$

② $\left\{\dfrac{1}{n}\right\} : 1, \dfrac{1}{2}, \dfrac{1}{3}, \cdots, \dfrac{1}{n}, \cdots$

③ $\left\{\dfrac{1}{2^n}\right\} : \dfrac{1}{2}, \dfrac{1}{4}, \dfrac{1}{8}, \cdots, \dfrac{1}{2^n}, \cdots$

④ $\{2n\} : 2, 4, \cdots, 2n, \cdots$

⑤ $\left\{(-1)^{n-1}\right\} : 1, -1, 1, -1, \cdots, (-1)^{n-1}, \cdots$

2. 单调数列

定义　在数列 $\{x_n\}$ 中，若

$$x_1 \leqslant x_2 \leqslant \cdots \leqslant x_n \leqslant x_{n+1} \leqslant \cdots$$

则称 $\{x_n\}$ 为单调增加数列；若

$$x_1 \geqslant x_2 \geqslant \cdots \geqslant x_n \geqslant x_{n+1} \geqslant \cdots$$

则称 $\{x_n\}$ 为单调减少数列．单调增加数列与单调减少数列统称为单调数列．

例如，例 1 中的①和④为单调增加数列，②和③为单调减少数列，⑤不是单调数列.

3. 有界数列

定义 对于数列 $\{x_n\}$，如果存在 $M>0$，使得对一切正整数 n，都有 $|x_n|\leqslant M$，则称 $\{x_n\}$ 为有界数列；若这样的 M 不存在，则称 $\{x_n\}$ 为无界数列.

例如，例 1 中的①②③⑤为有界数列，④为无界数列.

若数列 $\{x_n\}$ 既是单调数列，又是有界数列，则称 $\{x_n\}$ 为单调有界数列. 例如，例 1 中的①②③为单调有界数列.

2.1.2 数列的极限

数列的一般项 x_n 随着 n 的变化而变化，研究数列的极限，就是研究当 n 取正整数无限增大时，x_n 的变化趋势是什么.

观察例 1，我们看出，当 n 取正整数无限增大时，各个数列的通项 x_n 的变化趋势不同：当 n 无限增大时，对于数列 $\left\{\dfrac{n}{n+1}\right\}$，$x_n=\dfrac{n}{n+1}$ 单调增加，无限地趋近于常数 1；对于数列 $\left\{\dfrac{1}{n}\right\}$ 与 $\left\{\dfrac{1}{2^n}\right\}$，$x_n=\dfrac{1}{n}$ 与 $x_n=\dfrac{1}{2^n}$ 单调减少，无限地趋近于常数 0；对于数列 $\{2n\}$，$x_n=2n$ 单调增加且无限增大；对于数列 $\left\{(-1)^{n-1}\right\}$，$x_n=(-1)^{n-1}$ 总在 1 与 -1 这两个数上来回取值，不趋近于一个常数.

纵观例 1 中的五个数列，前三个数列，当 n 取正整数无限增大时，x_n 无限地趋近于某个确定的常数；后两个数列，当 n 取正整数无限增大时，x_n 都不无限地趋近于某个确定的常数. 总结前三个数列的这种共同特点，即可得到数列极限的概念.

定义 设 $\{x_n\}$ 为数列，A 为常数. 若当 n 取正整数无限增大时，x_n 无限地趋近于常数 A，则称当 n 趋于无穷大(记为 $n\to\infty$)时，数列 $\{x_n\}$ 的极限为 A，记为

$$\lim_{n\to\infty} x_n = A \quad \text{或} \quad x_n \to A \ (n\to\infty)$$

这时亦称数列 $\{x_n\}$ 收敛，即当 $n\to\infty$ 时，数列 $\{x_n\}$ 收敛于 A；否则，就称数列 $\{x_n\}$ 没有极限或发散.

根据数列极限的定义，例 1 中各数列的极限情况如下：

$$\lim_{n\to\infty}\frac{n}{n+1}=1, \ \lim_{n\to\infty}\frac{1}{n}=0, \ \lim_{n\to\infty}\frac{1}{2^n}=0, \ \lim_{n\to\infty}2n \ \text{不存在}, \ \lim_{n\to\infty}(-1)^{n-1} \ \text{不存在}.$$

【例 2】求下列极限.

① $\lim\limits_{n\to\infty}\left(\dfrac{2}{3}\right)^n$；　　　　　　　② $\lim\limits_{n\to\infty}\left(-\dfrac{3}{4}\right)^n$；

③ $\lim\limits_{n\to\infty}\left(\dfrac{2}{5}\right)^n$;   ④ $\lim\limits_{n\to\infty}q^n$ $(|q|<1)$.

【解】按照定义，易知

① $\lim\limits_{n\to\infty}\left(\dfrac{2}{3}\right)^n=0$;   ② $\lim\limits_{n\to\infty}\left(-\dfrac{3}{4}\right)^n=0$;   ③ $\lim\limits_{n\to\infty}\left(\dfrac{2}{5}\right)^n=0$;

④ 由①②③，容易推出 $\lim\limits_{n\to\infty}q^n=0$ $(|q|<1)$.

【例 3】求下列极限.

① $\lim\limits_{n\to\infty}\dfrac{1}{n}$;   ② $\lim\limits_{n\to\infty}\dfrac{1}{2^{n+1}}$;   ③ $\lim\limits_{n\to\infty}\left(1+\dfrac{(-1)^n}{n}\right)$.

【解】① $\lim\limits_{n\to\infty}\dfrac{1}{n}=0$;   ② $\lim\limits_{n\to\infty}\dfrac{1}{2^{n+1}}=0$;

③ $\lim\limits_{n\to\infty}\left(1+\dfrac{(-1)^n}{n}\right)=1$.

求数列 $\{x_n\}$ 的极限，就是求当 $n\to\infty$ 时，通项 x_n 是否无限地趋近于某一个确定的常数 A.

定理 设数列 $\{x_n\}$:
$$x_1,x_2,x_3,x_4,\cdots,x_{2n-1},x_{2n},\cdots$$
① 若 $\lim\limits_{n\to\infty}x_{2n-1}=A$ 与 $\lim\limits_{n\to\infty}x_{2n}=B$ 都存在且 $A=B$, 则 $\lim\limits_{n\to\infty}x_n=A=B$;
② 若 $\lim\limits_{n\to\infty}x_{2n-1}$ 与 $\lim\limits_{n\to\infty}x_{2n}$ 至少有一个不存在，或虽都存在但不相等，则 $\lim\limits_{n\to\infty}x_n$ 不存在.

【例 4】设数列 $\{x_n\}$:
$$1,\dfrac{1}{2},\dfrac{1}{2},\dfrac{1}{4},\dfrac{1}{3},\dfrac{1}{8},\cdots,\dfrac{1}{n},\dfrac{1}{2^n},\cdots$$
求 $\lim\limits_{n\to\infty}x_n$.

【解】因为 $\lim\limits_{n\to\infty}x_{2n-1}=\lim\limits_{n\to\infty}\dfrac{1}{n}=0$,

$\lim\limits_{x\to\infty}x_{2n}=\lim\limits_{x\to\infty}\dfrac{1}{2^n}=0$,

所以 $\lim\limits_{n\to\infty}x_n=0$.

【例 5】求 $\lim\limits_{n\to\infty}(-1)^{n-1}\dfrac{n}{2n+1}$.

【解】当 n 取奇数时，
$$\lim\limits_{n\to\infty}(-1)^{n-1}\dfrac{n}{2n+1}=\lim\limits_{n\to\infty}\dfrac{n}{2n+1}=\dfrac{1}{2}$$

当 n 取偶数时，
$$\lim\limits_{n\to\infty}(-1)^{n-1}\dfrac{n}{2n+1}=\lim\limits_{n\to\infty}\left(-\dfrac{n}{2n+1}\right)=-\dfrac{1}{2}$$

学习心得

学习心得

所以 $\lim\limits_{n\to\infty}(-1)^{n-1}\dfrac{n}{2n+1}$ 不存在.

2.1.3 收敛数列的主要性质

性质 1（保号性） 若 $\lim\limits_{n\to\infty}x_n=A$，且 $A>0$（或 $A<0$），则存在正整数 N，当 $n>N$ 时，有 $x_n>0$（或 $x_n<0$）.

性质 2（不等式性质） 如果数列 $\{x_n\}$ 从某项起有 $x_n\geq0$（或 $x_n\leq0$），且 $\lim\limits_{n\to\infty}x_n=A$，那么 $A\geq0$（或 $A\leq0$）.

性质 3（有界性） 如果数列 $\{x_n\}$ 收敛，那么数列 $\{x_n\}$ 必有界.

练习 2.1

1. 以下各数列中，存在极限的是（ ）.

 A. $10，10，10，10，\cdots$ B. $\dfrac{3}{2}，\dfrac{2}{3}，\dfrac{5}{4}，\dfrac{4}{5}，\cdots$

 C. $x_n=\begin{cases}\dfrac{n}{1+n}，&n\text{为奇数}\\[2mm]\dfrac{n}{1-n}，&n\text{为偶数}\end{cases}$ D. $x_n=\begin{cases}1+\dfrac{1}{n}，&n\text{为奇数}\\[2mm](-1)^n，&n\text{为偶数}\end{cases}$

2. 以下各数列中，收敛的是（ ）.

 A. $0.9，0.99，0.999，0.9999，\cdots$

 B. $1，\dfrac{1}{2}，1+\dfrac{1}{2}，\dfrac{1}{3}，1+\dfrac{1}{3}，\dfrac{1}{4}，1+\dfrac{1}{4}，\cdots$

 C. $x_n=(-1)^n\dfrac{n}{n+1}$ D. $x_n=\begin{cases}\dfrac{2^n-1}{2^n}，&n\text{为奇数}\\[2mm]\dfrac{2^n+1}{2^n}，&n\text{为偶数}\end{cases}$

3. 以下各数列中，收敛于 0 的是（ ）.

 A. $\dfrac{1}{2}，0，\dfrac{1}{4}，0，\dfrac{1}{8}，0，\cdots$ B. $1，\dfrac{1}{3}，\dfrac{1}{2}，\dfrac{1}{5}，\dfrac{1}{3}，\dfrac{1}{7}，\dfrac{1}{4}，\dfrac{1}{9}，\cdots$

 C. $x_n=(-1)^n\dfrac{1}{n}$ D. $x_n=\begin{cases}\dfrac{1}{n}，&n\text{为奇数}\\[2mm]\dfrac{1}{n+1}，&n\text{为偶数}\end{cases}$

4. 数列 $1，0，-1，1，0，-1，\cdots$，（ ）.

 A. 收敛于-1   B. 收敛于1
 C. 收敛于0   D. 发散

5. 当 $n\to\infty$ 时，以下各数列中，不存在极限的是（ ）.

 A. $1，0，\dfrac{1}{2}，0，\dfrac{1}{3}，0，\dfrac{1}{4}，\cdots$ B. $1，\dfrac{3}{2}，\dfrac{1}{3}，\dfrac{5}{4}，\dfrac{1}{5}，\dfrac{7}{6}，\dfrac{1}{7}，\cdots$

C. $1+1, \dfrac{1}{2}+\dfrac{3}{4}, \dfrac{1}{3}+\dfrac{5}{9}, \dfrac{1}{4}+\dfrac{7}{16}, \cdots, \dfrac{1}{n}+\dfrac{2n-1}{n^2}, \cdots$

D. $x_n = \begin{cases} \dfrac{2^n-4}{2^n}, & n\text{为奇数} \\[3mm] \dfrac{2^n+5}{2^n}, & n\text{为偶数} \end{cases}$

2.2　函数的极限

函数 $y=f(x)$ 的值随着自变量 x 的变化而变化,研究函数的极限,就是研究当 x 按某种给定的方式变化时,$f(x)$ 的变化趋势是什么.

按自变量趋近于无穷和自变量趋近于某个常数的两类变化方式,函数的极限分为两类,下面分别讨论这两类极限.

2.2.1　自变量趋近于无穷时,函数的极限

1. 当 $x \to +\infty$ 时,函数 $f(x)$ 的极限

【例 6】考察函数 $y = \left(\dfrac{1}{2}\right)^x$.

如图 2-1 所示,考察当 x 无限增大时,函数 $y = \left(\dfrac{1}{2}\right)^x$ 的变化趋势. 当 x 无限增大时,曲线 $y = \left(\dfrac{1}{2}\right)^x$ 在 x 轴的上方无限趋近 x 轴,即 $y = \left(\dfrac{1}{2}\right)^x$ 图像上点的纵坐标值无限地趋近于常数 0,我们称当 $x \to +\infty$ 时,$y = \left(\dfrac{1}{2}\right)^x$ 的极限为 0.

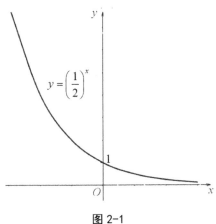

图 2-1

定义　设函数 $f(x)$ 在 $(a, +\infty)$ 上有定义，A 为常数. 当 x 无限增大时，如果 $f(x)$ 无限地趋近于常数 A，则称当 $x \to +\infty$ 时，$f(x)$ 的极限为 A，记为

$$\lim_{x \to +\infty} f(x) = A \quad \text{或} \quad f(x) \to A \ (x \to +\infty)$$

根据定义，有 $\lim\limits_{x \to +\infty} \left(\dfrac{1}{2}\right)^x = 0$.

2. 当 $x \to -\infty$ 时，函数 $f(x)$ 的极限

【例 7】考察函数 $y = 2^x$.

如图 2-2 所示，考察当 x 无限减小时，$y = 2^x$ 的变化趋势. 当 x 无限减小时，曲线 $y = 2^x$ 在 x 轴的上方无限地趋近于 x 轴，即 $y = 2^x$ 图像上点的纵坐标值无限地趋近于常数 0. 我们称当 $x \to -\infty$ 时，$y = 2^x$ 的极限为 0.

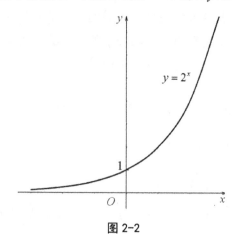

图 2-2

定义　设函数 $f(x)$ 在 $(-\infty, b)$ 上有定义，A 为常数. 当 x 无限减小时，如果 $f(x)$ 无限地趋近于常数 A，则称当 $x \to -\infty$ 时，$f(x)$ 的极限为 A，记为

$$\lim_{x \to -\infty} f(x) = A \quad \text{或} \quad f(x) \to A \ (x \to -\infty)$$

根据定义，有 $\lim\limits_{x \to -\infty} 2^x = 0$.

3. 当 $x \to \infty$ 时，函数 $f(x)$ 的极限

【例 8】考察函数 $y = 1 + \dfrac{1}{x}$.

如图 2-3 所示，考察当 $|x|$ 无限增大时，$y = 1 + \dfrac{1}{x}$ 的变化趋势. 当 $|x|$ 无限增大时(即 $x \to +\infty$ 和 $x \to -\infty$ 时)，曲线 $y = 1 + \dfrac{1}{x}$ 在直线 $y = 1$ 的上、下方都无限地趋近于直线 $y = 1$，即 $y = 1 + \dfrac{1}{x}$ 图像上点的纵坐标值无限地趋近于常数 1. 我们称当 $x \to \infty$ 时，$y = 1 + \dfrac{1}{x}$ 的极限为 1.

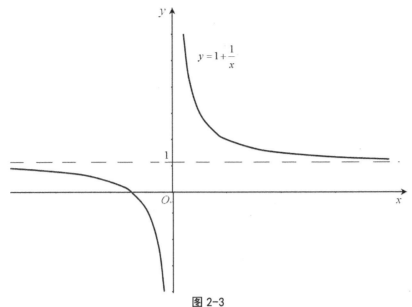

图 2-3

定义　设函数 $f(x)$ 在 $(-\infty, b) \cup (a, +\infty)$ 上有定义，A 为常数. 当 $|x|$ 无限增大时，如果 $f(x)$ 无限地趋近于常数 A，则称当 $x \to \infty$ 时，$f(x)$ 的极限为 A，记为

$$\lim_{x \to \infty} f(x) = A \quad \text{或} \quad f(x) \to A \quad (x \to \infty)$$

根据定义，有 $\lim\limits_{x \to \infty}\left(1 + \dfrac{1}{x}\right) = 1$.

4．三种极限的关系

当 $x \to +\infty$ 或 $x \to -\infty$ 时 $f(x)$ 的极限称为单边极限，当 $x \to \infty$ 时 $f(x)$ 的极限称为双边极限，根据定义，容易得到双边极限与单边极限的关系.

定理　设 A 为常数，则有

$$\lim_{x \to \infty} f(x) = A \Leftrightarrow \lim_{x \to -\infty} f(x) = \lim_{x \to +\infty} f(x) = A$$

推论 1　若 $\lim\limits_{x \to -\infty} f(x)$ 与 $\lim\limits_{x \to +\infty} f(x)$ 都存在但不相等，则 $\lim\limits_{x \to \infty} f(x)$ 不存在.

推论 2　若 $\lim\limits_{x \to -\infty} f(x)$ 与 $\lim\limits_{x \to +\infty} f(x)$ 至少有一个不存在，则 $\lim\limits_{x \to \infty} f(x)$ 不存在.

根据三种极限的关系，我们可以用单边极限研究双边极限.

【例 9】求下列极限.

① $\lim\limits_{x \to +\infty} \arctan x$；　　② $\lim\limits_{x \to -\infty} \arctan x$；　　③ $\lim\limits_{x \to \infty} \arctan x$.

【解】如图 2-4 所示，$y = \arctan x$ 严格单调增加，且

$$-\frac{\pi}{2} < y < \frac{\pi}{2}, \qquad -\infty < x < +\infty$$

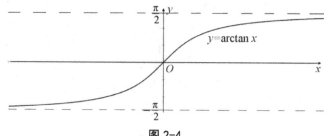

图 2-4

当 $x \to +\infty$ 时，$y = \arctan x \to \dfrac{\pi}{2}$；

当 $x \to -\infty$ 时，$y = \arctan x \to -\dfrac{\pi}{2}$.

根据定义：① $\lim\limits_{x \to +\infty} \arctan x = \dfrac{\pi}{2}$；

② $\lim\limits_{x \to -\infty} \arctan x = -\dfrac{\pi}{2}$；

③ 根据推论 1，$\lim\limits_{x \to \infty} \arctan x$ 不存在.

【例 10】根据定义，易得

① $\lim\limits_{x \to -\infty} \operatorname{arc cot} x = \pi$；

② $\lim\limits_{x \to +\infty} \operatorname{arc cot} x = 0$；

③ $\lim\limits_{x \to \infty} \operatorname{arc cot} x$ 不存在.

【例 11】根据定义，易知下列极限均不存在.

① $\lim\limits_{x \to -\infty} \sin x$；   ② $\lim\limits_{x \to +\infty} \sin x$；

③ $\lim\limits_{x \to \infty} \sin x$；   ④ $\lim\limits_{x \to -\infty} \cos x$；

⑤ $\lim\limits_{x \to +\infty} \cos x$；   ⑥ $\lim\limits_{x \to \infty} \cos x$.

【例 12】设 C 为常数，根据定义，易得
$$\lim_{x \to -\infty} C = C, \quad \lim_{x \to +\infty} C = C, \quad \lim_{x \to \infty} C = C$$

2.2.2 自变量趋近于常数时，函数的极限

1. 当 $x \to x_0$ 时，函数 $f(x)$ 的极限

【例 13】设函数 $f(x) = \dfrac{x^2 - 1}{x - 1}$，考察当 x 从 1 的两侧无限趋近于 1 且

不等于 1 时，$f(x) = \dfrac{x^2 - 1}{x - 1}$ 的变化趋势.

【解】$f(x)$ 的某些函数值如表 2-1 所示.

表 2-1

x	0.5	0.75	0.9	0.99	0.9999	……	1.000001	1.01	1.25	1.5
$f(x)$	1.5	1.75	1.9	1.99	1.9999	……	2.000001	2.01	2.25	2.5

从表 2-1 可知，当 x 无限趋近于 1 时，$f(x)$ 无限地趋近于 2. 我们称当 $x \to 1$ 时，$f(x) = \dfrac{x^2 - 1}{x - 1}$ 的极限为 2.

定义 设 $f(x)$ 在 x_0 的两侧有定义，A 为常数. 当 x 从 x_0 的两侧无限趋近于 x_0 且不等于 x_0 时，如果 $f(x)$ 无限地趋近于常数 A，则称当 $x \to x_0$ 时，$f(x)$ 的极限为 A，记为

$$\lim_{x \to x_0} f(x) = A \quad 或 \quad f(x) \to A \quad (x \to x_0)$$

上面的极限称为双侧极限.

根据定义，有 $\displaystyle\lim_{x \to 1} \dfrac{x^2 - 1}{x - 1} = 2$.

2. 当 $x \to x_0^-$（或 $x \to x_0^+$）时，函数 $f(x)$ 的左（或右）极限

【例 14】 设 $f(x) = \begin{cases} 1, & x < 0 \\ x, & x > 0 \end{cases}$，求 $\displaystyle\lim_{x \to 0} f(x)$.

【解】 由图 2-5 容易观察到，当 x 从 0 的左侧趋近于 0 时，$f(x)$ 趋近于 1；当 x 从 0 的右侧趋近于 0 时，$f(x)$ 趋近于 0，因此，当 x 从 0 的两侧趋近于 0 时，$f(x)$ 不能趋近于一个常数，根据定义，$\displaystyle\lim_{x \to 0} f(x)$ 不存在.

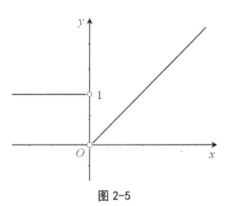

图 2-5

在例 14 中，当 x 从 0 的左侧趋近于 0 时，$f(x)$ 无限地趋近 1，这种情况下，我们称当 $x \to 0^-$ 时，$f(x)$ 的左极限为 1；当 x 从 0 的右侧趋近于 0 时，$f(x)$ 无限趋近于 0，这种情况下，我们称当 $x \to 0^+$ 时，$f(x)$ 的右极限为 0.

定义 设 $f(x)$ 在 x_0 的左侧有定义，A 为常数，当 x 从 x_0 的左侧无限趋近于 x_0 且不等于 x_0 时，如果 $f(x)$ 无限地趋近于常数 A，则称当 $x \to x_0^-$ 时，$f(x)$ 的左极限为 A，记为

$$\lim_{x \to x_0^-} f(x) = A, \quad f(x) \to A \ (x \to x_0^-) \quad 或 \quad f(x_0 - 0) = A$$

定义 设 $f(x)$ 在 x_0 的右侧有定义，A 为常数，当 x 从 x_0 的右侧无限趋近于 x_0 且不等于 x_0 时，如果 $f(x)$ 无限地趋近于常数 A，则称当 $x \to x_0^+$ 时，$f(x)$ 的右极限为 A，记为

$$\lim_{x \to x_0^+} f(x) = A , \quad f(x) \to A \ (x \to x_0^+) \quad \text{或} \quad f(x_0 + 0) = A$$

左极限与右极限统称为单侧极限.

3. 三种极限的关系

定理　设 A 为常数，则

$$\lim_{x \to x_0} f(x) = A \Leftrightarrow \lim_{x \to x_0^-} f(x) = \lim_{x \to x_0^+} f(x) = A$$

推论 1　若 $\lim\limits_{x \to x_0^-} f(x)$ 与 $\lim\limits_{x \to x_0^+} f(x)$ 都存在但不相等，则 $\lim\limits_{x \to x_0} f(x)$ 不存在.

推论 2　若 $\lim\limits_{x \to x_0^-} f(x)$ 与 $\lim\limits_{x \to x_0^+} f(x)$ 至少有一个不存在，则 $\lim\limits_{x \to x_0} f(x)$ 不存在.

由三种极限的关系，我们可以利用单侧极限研究双侧极限.

【例 15】　① 设 $f(x) = \begin{cases} e^x, & x < 0 \\ \sqrt{2x+1}, & x > 0 \end{cases}$，求 $\lim\limits_{x \to 0} f(x)$；

② 设 $f(x) = \begin{cases} x - 1, & x \leqslant 0 \\ x^2, & x > 0 \end{cases}$，求 $\lim\limits_{x \to 0} f(x)$.

【解】　① 因为 $\lim\limits_{x \to 0^-} f(x) = \lim\limits_{x \to 0^-} e^x = 1$，$\lim\limits_{x \to 0^+} f(x) = \lim\limits_{x \to 0^+} \sqrt{2x+1} = 1$，所以 $\lim\limits_{x \to 0} f(x) = 1$.

② 因为 $\lim\limits_{x \to 0^-} f(x) = \lim\limits_{x \to 0^-} (x - 1) = -1$，$\lim\limits_{x \to 0^+} f(x) = \lim\limits_{x \to 0^+} x^2 = 0$，因此 $\lim\limits_{x \to 0^-} f(x) \neq \lim\limits_{x \to 0^+} f(x)$，所以 $\lim\limits_{x \to 0} f(x)$ 不存在.

结论　求分段函数

$$f(x) = \begin{cases} g(x), & x \leqslant x_0 \\ h(x), & x > x_0 \end{cases} \quad \text{或} \quad f(x) = \begin{cases} g(x), & x < x_0 \\ h(x), & x \geqslant x_0 \end{cases} \quad \text{或} \quad f(x) = \begin{cases} g(x), & x < x_0 \\ A, & x = x_0 \\ h(x), & x > x_0 \end{cases}$$

在分界点 x_0 的极限 $\lim\limits_{x \to x_0} f(x)$ 的步骤如下.

① 分别求左、右极限 $\lim\limits_{x \to x_0^-} f(x) = \lim\limits_{x \to x_0^-} g(x)$ 和 $\lim\limits_{x \to x_0^+} f(x) = \lim\limits_{x \to x_0^+} h(x)$.

② 利用双侧极限与单侧极限的关系，确定极限 $\lim\limits_{x \to x_0} f(x)$.

【例 16】　① 已知 $f(x) = \dfrac{|x|}{x}$，求 $\lim\limits_{x \to 0} f(x)$；

② 已知 $\lim\limits_{x \to 0} \dfrac{\sin x}{x} = 1$（原理将在后面介绍），又已知 $f(x) = \dfrac{|\sin x|}{x}$，求 $\lim\limits_{x \to 0} f(x)$.

【解】　① $f(x) = \dfrac{|x|}{x} = \begin{cases} 1, & x > 0 \\ -1, & x < 0 \end{cases}$，

因此 $\lim\limits_{x \to 0^+} f(x) = \lim\limits_{x \to 0^+} 1 = 1$，$\lim\limits_{x \to 0^-} f(x) = \lim\limits_{x \to 0^-} (-1) = -1$；

由于 $\lim\limits_{x \to 0^+} f(x) \neq \lim\limits_{x \to 0^-} f(x)$，因此 $\lim\limits_{x \to 0} f(x)$ 不存在.

② $f(x) = \dfrac{|\sin x|}{x} = \begin{cases} -\dfrac{\sin x}{x}, & -\pi < x < 0 \\[3mm] \dfrac{\sin x}{x}, & 0 < x < \pi \end{cases}$,

因此 $\lim\limits_{x \to 0^-} f(x) = \lim\limits_{x \to 0^-}\left(-\dfrac{\sin x}{x}\right) = -1$，$\lim\limits_{x \to 0^+} f(x) = \lim\limits_{x \to 0^+}\dfrac{\sin x}{x} = 1$；

由于 $\lim\limits_{x \to 0^+} f(x) \neq \lim\limits_{x \to 0^-} f(x)$，因此 $\lim\limits_{x \to 0} f(x)$ 不存在.

结论　求绝对值函数极限的步骤如下：①化绝对值函数为分段函数；②按求分段函数极限的方法求函数的极限.

2.2.3　函数极限的性质

性质 1（局部保号性）　如果 $\lim\limits_{x \to x_0} f(x) = A$，且 $A > 0$（或 $A < 0$），则存在 x_0 的某个去心邻域，当 x 在该邻域内时，有 $f(x) > 0$（或 $f(x) < 0$）.

性质 2（不等式性质）　如果 $f(x) \geq 0$（或 $f(x) \leq 0$），且 $\lim\limits_{x \to x_0} f(x) = A$，则 $A \geq 0$（或 $A \leq 0$）.

性质 3（有界性）　若 $\lim\limits_{x \to x_0} f(x)$ 存在，则存在 x_0 的某个去心邻域，当 x 在该邻域内时，$f(x)$ 有界.

为简化叙述，记 "$n \to \infty, x \to +\infty, x \to -\infty, x \to \infty, x \to x_0, x \to x_0^-, x \to x_0^+$" 为 "$\cdot$"，则相关的极限可记为 $\lim\limits_{\cdot} x_n = A$ 和 $\lim\limits_{\cdot} f(x) = A$.

练习 2.2

1. $f(x)$ 在点 x_0 有定义，是 $f(x)$ 在点 x_0 有极限的（　　）.

    A. 必要条件　　　　　　　　B. 充分条件

    C. 充要条件　　　　　　　　D. 无关条件

2. $f(x)$ 在点 x_0 的左、右极限都存在且相等，是 $f(x)$ 在点 x_0 有极限的（　　）.

    A. 充分不必要条件　　　　　B. 必要不充分条件

    C. 充要条件　　　　　　　　D. 无关条件

3. 当 $n \to \infty$ 时，数列 $\{x_n\}$ 有极限，是数列 $\{x_n\}$ 有界的（　　）.

    A. 必要条件　　　　　　　　B. 充分条件

    C. 充要条件　　　　　　　　D. 无关条件

4. 下列各极限中，不存在的是（　　）.

    A. $\lim\limits_{x \to \infty} \sin x$　　　　　　　　B. $\lim\limits_{x \to \infty} \cos x$

    C. $\lim\limits_{x \to \infty} \arctan x$　　　　　　D. $\lim\limits_{x \to \infty} \operatorname{arccot} x$

2.3　无穷小量与无穷大量

2.3.1　无穷小量

1. 无穷小量的定义

定义　若 $\lim x_n = 0$ 或 $\lim f(x) = 0$，则称当 ·时，x_n 或 $f(x)$ 是无穷小量，简称为无穷小，即以零为极限的数列通项或函数称为无穷小量.

例如，① $\because \lim\limits_{n\to\infty} \dfrac{1}{n} = 0$ ，

$\therefore$ 当 $n \to \infty$ 时，$\dfrac{1}{n}$ 是无穷小量.

② $\because \lim\limits_{x\to+\infty} \left(\dfrac{1}{2}\right)^x = 0$ ，

$\therefore$ 当 $x \to +\infty$ 时，$\left(\dfrac{1}{2}\right)^x$ 是无穷小量.

③ $\because \lim\limits_{x\to 0} x^2 = 0$ ，

$\therefore$ 当 $x \to 0$ 时，x^2 是无穷小量.

④ $\because \lim\limits_{x\to 1} x^x \neq 0$ ，

$\therefore$ 当 $x \to 1$ 时，x^x 不是无穷小量.

2. 无穷小量与有极限变量的关系

定理　设 A 为常数，则有
$$\lim f(x) = A \Leftrightarrow \lim [f(x) - A] = 0$$

3. 无穷小量的性质

性质 1　无穷小量与有界变量的乘积仍为无穷小量. 即：若 $\lim f(x) = 0$ ，$g(x)$ 有界，则有
$$\lim [f(x)g(x)] = 0$$

例如，① $\because \lim\limits_{x\to 0} x = 0$ ，$\sin\dfrac{1}{x}$ 有界，

$\therefore \lim\limits_{x\to 0} \left(x\sin\dfrac{1}{x}\right) = 0$.

② $\because \lim\limits_{x\to\infty} \dfrac{1}{x} = 0$ ，$\sin x$ 有界，

$\therefore \lim\limits_{x\to\infty} \dfrac{\sin x}{x} = \lim\limits_{x\to\infty} \left(\dfrac{1}{x}\cdot\sin x\right) = 0$.

性质 2　两个无穷小量的代数和仍为无穷小量. 即：若 $\lim f(x)=0$，$\lim g(x)=0$，则 $\lim[f(x)\pm g(x)]=0$.

性质 3　两个无穷小量的乘积仍为无穷小量. 即：若 $\lim f(x)=0$，$\lim g(x)=0$，则 $\lim[f(x)g(x)]=0$.

4. 无穷小量的阶

无穷小量虽然都是趋近于 0 的变量，但不同的无穷小量趋近于 0 的速度却不一定相同，有时可能差别很大.

现在来考察当 $x\to0$ 时，三个无穷小量 $x,2x,x^2$ 趋近于 0 的速度，如表 2-2 所示.

表 2-2

x	1	0.5	0.1	0.01	0.001	$\cdots$	$\to$	0
$2x$	2	1	0.2	0.02	0.002	$\cdots$	$\to$	0
x^2	1	0.25	0.01	0.0001	0.000001	$\cdots$	$\to$	0

由表 2-2 可知，这三个无穷小量趋近于 0 的速度有显著差异，x^2 比 x 与 $2x$ 趋近于 0 的速度快，x 与 $2x$ 趋近于 0 的速度差不多. 这只是直观描述，何谓"快"，何谓"差不多"，需要给出定量的定义.

定义　设 $\lim f(x)=0$，$\lim g(x)=0$，且 $g(x)\neq0$，$\lim\dfrac{f(x)}{g(x)}=k$.

① 若 k 为常数且 $k\neq0$，则称 $f(x)$ 与 $g(x)$ 是同阶无穷小；

② 若 $k=0$，则称 $f(x)$ 比 $g(x)$ 是高阶无穷小，记为 $f(x)=o(g(x))$；

③ 若 $k=1$，则称 $f(x)$ 与 $g(x)$ 是等价无穷小，记为 $f(x)\sim g(x)$；

④ 若 $k=\infty$，则称 $f(x)$ 比 $g(x)$ 是低阶无穷小.

例如：因为 $\lim\limits_{x\to0}\dfrac{x^2}{x}=\lim\limits_{x\to0}x=0$，所以，当 $x\to0$ 时，x^2 比 x 是高阶无穷小，可记为 $x^2=o(x)$；反过来说，当 $x\to0$，x 比 x^2 是低阶无穷小.

因为 $\lim\limits_{x\to0}\dfrac{2x}{x}=\lim\limits_{x\to0}2=2\neq0$，所以，当 $x\to0$ 时，$2x$ 与 x 是同阶无穷小.

2.3.2　无穷大量

1. 正无穷大量

观察函数 $y=\dfrac{1}{x^2}$，当 $x\to0$ 时，$y=\dfrac{1}{x^2}$ 无限地增大，我们称当 $x\to0$ 时，$y=\dfrac{1}{x^2}$ 的极限为正无穷大；或称当 $x\to0$ 时，$y=\dfrac{1}{x^2}$ 是正无穷大量.

定义　若 $f(x)$ 在点 x_0 的两侧有定义，当 $x\to x_0$ 时，如果 $f(x)$ 无限地增大，则称当 $x\to x_0$ 时，$f(x)$ 的极限为正无穷大，或称当 $x\to x_0$ 时，$f(x)$ 是正无穷大量，记为

$$\lim_{x \to x_0} f(x) = +\infty$$

这时，极限 $\lim\limits_{x \to x_0} f(x)$ 不存在.

2. 负无穷大量

观察函数 $y = -\dfrac{1}{x^2}$，当 $x \to 0$ 时，$y = -\dfrac{1}{x^2}$ 无限地减小，我们称当 $x \to 0$

时，$y = -\dfrac{1}{x^2}$ 的极限为负无穷大；或称当 $x \to 0$ 时，$y = -\dfrac{1}{x^2}$ 为负无穷大量.

定义　若 $f(x)$ 在点 x_0 的两侧有定义，当 $x \to x_0$ 时，如果 $f(x)$ 无限地减小，则称当 $x \to x_0$ 时，$f(x)$ 的极限为负无穷大；或称当 $x \to x_0$ 时，$f(x)$ 为负无穷大量，记为

$$\lim_{x \to x_0} f(x) = -\infty$$

这时，极限 $\lim\limits_{x \to x_0} f(x)$ 不存在.

3. 无穷大量

观察函数 $y = \dfrac{1}{x^3}$，当 $x \to 0$ 时，$|y| = \left| \dfrac{1}{x^3} \right|$ 无限地增大，我们称当 $x \to 0$

时，$y = \dfrac{1}{x^3}$ 的极限为无穷大；或称当 $x \to 0$ 时，$y = \dfrac{1}{x^3}$ 为无穷大量.

定义　设 $f(x)$ 在点 x_0 的两侧有定义，当 $x \to x_0$ 时，如果 $|f(x)|$ 无限地增大，则称当 $x \to x_0$ 时，$f(x)$ 的极限为无穷大；或称当 $x \to x_0$ 时，$f(x)$ 为无穷大量，记为

$$\lim_{x \to x_0} f(x) = \infty$$

这时，极限 $\lim\limits_{x \to x_0} f(x)$ 不存在.

根据定义，有

$$\lim_{x \to 0} \frac{1}{x^2} = +\infty, \quad \lim_{x \to 0} \left(-\frac{1}{x^2} \right) = -\infty, \quad \lim_{x \to 0} \frac{1}{x^3} = \infty$$

对于其他的极限过程，我们有类似的定义，用记号表示如下：

① $\lim\limits_{\bullet} f(x) = +\infty \Leftrightarrow$ 当 $\bullet$ 时，$f(x)$ 无限地增大；

② $\lim\limits_{\bullet} f(x) = -\infty \Leftrightarrow$ 当 $\bullet$ 时，$f(x)$ 无限地减小；

③ $\lim\limits_{\bullet} f(x) = \infty \Leftrightarrow$ 当 $\bullet$ 时，$|f(x)|$ 无限地增大.

根据定义可知，当 $\bullet$ 时，如果 $f(x)$ 为负无穷大量或正无穷大量，则它一定是无穷大量.

【例 17】① $\lim\limits_{x \to 0^+} \dfrac{1}{x} = +\infty$；　　② $\lim\limits_{x \to 0^-} \dfrac{1}{x} = -\infty$；　　③ $\lim\limits_{x \to 0} \dfrac{1}{x} = \infty$.

如图 2-6 所示.

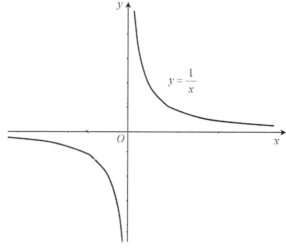

图 2-6

【例 18】设 $a>1$，则有：

① $\lim\limits_{x\to-\infty} a^x = 0$；　② $\lim\limits_{x\to+\infty} a^x = +\infty$；　③ $\lim\limits_{x\to\infty} a^x$ 不存在；

④ $\lim\limits_{x\to-\infty} \mathrm{e}^x = 0$；　⑤ $\lim\limits_{x\to+\infty} \mathrm{e}^x = +\infty$；　⑥ $\lim\limits_{x\to\infty} \mathrm{e}^x$ 不存在.

设 $0<a<1$，则有：

① $\lim\limits_{x\to-\infty} a^x = +\infty$；　② $\lim\limits_{x\to+\infty} a^x = 0$；　③ $\lim\limits_{x\to\infty} a^x$ 不存在.

如图 2-7 所示.

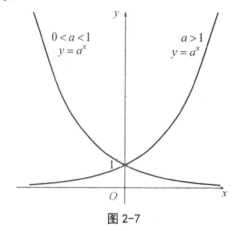

图 2-7

【例 19】设 $a>1$，则有：

① $\lim\limits_{x\to0^+} \log_a x = -\infty$；　　② $\lim\limits_{x\to+\infty} \log_a x = +\infty$；

③ $\lim\limits_{x\to0^+} \ln x = -\infty$；　　④ $\lim\limits_{x\to+\infty} \ln x = +\infty$；

⑤ $\lim\limits_{x\to0^+} \lg x = -\infty$；　　⑥ $\lim\limits_{x\to+\infty} \lg x = +\infty$.

设 $0<a<1$，则有：

① $\lim\limits_{x\to0^+} \log_a x = +\infty$　　② $\lim\limits_{x\to+\infty} \log_a x = -\infty$

如图 2-8 所示.

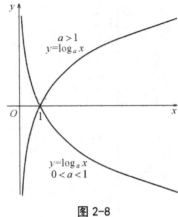

图 2-8

【例 20】设 $k \in \mathbf{Z}$，则有：

① $\lim\limits_{x \to k\pi + \frac{\pi}{2}^-} \tan x = +\infty$；② $\lim\limits_{x \to k\pi + \frac{\pi}{2}^+} \tan x = -\infty$；③ $\lim\limits_{x \to k\pi + \frac{\pi}{2}} \tan x = \infty$.

如图 2-9 所示.

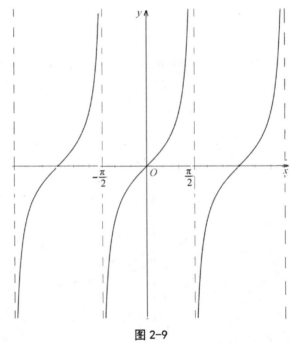

图 2-9

【例 21】设 $k \in \mathbf{Z}$，则有：

① $\lim\limits_{x \to k\pi^-} \cot x = -\infty$；② $\lim\limits_{x \to k\pi^+} \cot x = +\infty$；③ $\lim\limits_{x \to k\pi} \cot x = \infty$.

如图 2-10 所示.

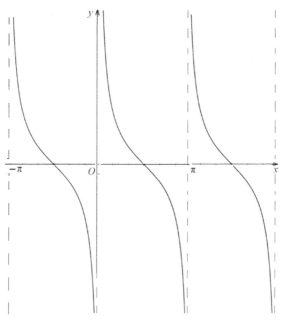

图 2-10

【例 22】求下列极限.

① $\lim\limits_{x \to 0^-} e^{\frac{1}{x}}$;

② $\lim\limits_{x \to 0^+} e^{\frac{1}{x}}$;

③ $\lim\limits_{x \to 0} e^{\frac{1}{x}}$;

④ $\lim\limits_{x \to 0^+} \ln \frac{1}{x}$;

⑤ $\lim\limits_{x \to 0^+} \arctan \frac{1}{x}$;

⑥ $\lim\limits_{x \to \frac{\pi^-}{2}} \ln \tan x$;

⑦ $\lim\limits_{x \to 0^+} \ln \cot x$;

⑧ $\lim\limits_{x \to 0^-} \operatorname{arc\,cot} \frac{1}{x}$.

【解】① $\lim\limits_{x \to 0^-} e^{\frac{1}{x}} \xlongequal{u=\frac{1}{x}} \lim\limits_{u \to -\infty} e^{u} = 0$;

② $\lim\limits_{x \to 0^+} e^{\frac{1}{x}} \xlongequal{u=\frac{1}{x}} \lim\limits_{u \to +\infty} e^{u} = +\infty$;

③ $\lim\limits_{x \to 0} e^{\frac{1}{x}} \xlongequal{u=\frac{1}{x}} \lim\limits_{u \to \infty} e^{u}$ 不存在;

④ $\lim\limits_{x \to 0^+} \ln \frac{1}{x} \xlongequal{u=\frac{1}{x}} \lim\limits_{u \to +\infty} \ln u = +\infty$;

⑤ $\lim\limits_{x \to 0^+} \arctan \frac{1}{x} \xlongequal{u=\frac{1}{x}} \lim\limits_{u \to +\infty} \arctan u = \frac{\pi}{2}$;

⑥ $\lim\limits_{x \to \frac{\pi^-}{2}} \ln \tan x \xlongequal{u=\tan x} \lim\limits_{u \to +\infty} \ln u = +\infty$;

⑦ $\lim\limits_{x\to 0^+} \ln\cot x \xlongequal{u=\cot x} \lim\limits_{u\to +\infty} \ln u = +\infty$;

⑧ $\lim\limits_{x\to 0^-} \operatorname{arc cot}\dfrac{1}{x} \xlongequal{u=\frac{1}{x}} \lim\limits_{u\to -\infty} \operatorname{arc cot} u = \pi$.

4. 无穷小量和无穷大量的关系

定理 若 $\lim\limits_{\bullet} f(x) = 0$ ，$\lim\limits_{\bullet} g(x) = \infty$ ，则

① $\lim\limits_{\bullet} \dfrac{1}{f(x)} = \infty$ （ $f(x) \neq 0$ ）；

② $\lim\limits_{\bullet} \dfrac{1}{g(x)} = 0$ ；

③ $\lim\limits_{\bullet} \dfrac{f(x)}{g(x)} = 0$ ；

④ $\lim\limits_{\bullet} \dfrac{g(x)}{f(x)} = \infty$.

【例 23】 ① $\because \lim\limits_{x\to 0^+} \ln\dfrac{1}{x} = +\infty$ ， $\therefore \lim\limits_{x\to 0^+} \dfrac{1}{\ln\dfrac{1}{x}} = 0$.

② $\because \lim\limits_{x\to 0^+} x^5 = 0$ ， $\therefore \lim\limits_{x\to 0^+} \dfrac{1}{x^5} = \infty$.

③ $\lim\limits_{x\to 0^+} \dfrac{\ln\dfrac{1}{x}}{x^5} = \infty$.

④ $\lim\limits_{x\to 0^+} \dfrac{x^5}{\ln\dfrac{1}{x}} = 0$.

练习 2.3

1. 求下列极限.

① $\lim\limits_{x\to -\infty} \left(\dfrac{2}{3}\right)^x$ ；   ② $\lim\limits_{x\to +\infty} \left(\dfrac{2}{3}\right)^x$ ；   ③ $\lim\limits_{x\to \infty} \left(\dfrac{2}{3}\right)^x$ ；

④ $\lim\limits_{x\to -\infty} 5^x$ ；   ⑤ $\lim\limits_{x\to +\infty} 5^x$ ；   ⑥ $\lim\limits_{x\to \infty} 5^x$ ；

⑦ $\lim\limits_{n\to \infty} 3^n$ ；   ⑧ $\lim\limits_{n\to \infty} \dfrac{3^n}{5^n}$ ；   ⑨ $\lim\limits_{n\to \infty} (2^n + 2\sin n!)$.

2. 求下列极限.

① $\lim\limits_{x\to 0} x\arctan\dfrac{1}{x}$ ；   ② $\lim\limits_{x\to 0} x\cos\dfrac{1}{x}$ ；   ③ $\lim\limits_{x\to \infty} \dfrac{\cos x}{x}$ ；

④ $\lim\limits_{n\to \infty} \dfrac{3\sin n}{n}$ ；   ⑤ $\lim\limits_{x\to \infty} \dfrac{\arctan x}{3x}$ ；   ⑥ $\lim\limits_{x\to \infty} \dfrac{243\sin x}{x^3}$.

3. 求下列极限.

① $\lim\limits_{n\to\infty}\ln(n^2+1)$;　② $\lim\limits_{x\to+\infty}e^{x^{\frac{1}{3}}}$;　③ $\lim\limits_{x\to-\infty}e^{x^{\frac{1}{3}}}$;

④ $\lim\limits_{x\to0^+}\arctan\dfrac{1}{x^3}$;　⑤ $\lim\limits_{x\to0^-}\arctan\dfrac{1}{x^3}$;　⑥ $\lim\limits_{x\to0}\arctan\dfrac{1}{x^3}$;

⑦ $\lim\limits_{x\to0^-}\text{arccot}\dfrac{1}{x^2}$;　⑧ $\lim\limits_{x\to0}\text{arccot}\dfrac{1}{x^2}$;　⑨ $\lim\limits_{x\to0^+}\ln\sin x$.

4. 下列函数在所给过程中为无穷大量的是（　　）.

　　A. $\ln x\ (x\to0^+)$　　　　　　　B. $\ln\ln\dfrac{1}{x}\ (x\to0^+)$

　　C. $3^{-x}\ (x\to-\infty)$　　　　　　D. $e^{-x}\ (x\to+\infty)$

5. 下列函数在所给过程中为无穷小量的是（　　）.

　　A. $e^{\frac{1}{x}}\ (x\to0^-)$　　　　　　B. $3^{\frac{1}{x}}\ (x\to0^+)$

　　C. $5^{\frac{1}{x}}\ (x\to0^-)$　　　　　　D. $5^{\frac{1}{x}}\ (x\to\infty)$

6. 下列各极限中，不存在是（　　）.

　　A. $3^x\ (x\to\infty)$　　　　　　　B. $\text{arccot}\dfrac{1}{x}\ (x\to0)$

　　C. $\sin\dfrac{1}{x}\ (x\to0)$　　　　　　D. $\ln\tan x\ (x\to0^+)$

　　E. $2x+\sin x\ (x\to\infty)$　　　　F. $\cos3x-x^2\ (x\to\infty)$

2.4　极限的运算法则和存在准则

2.4.1　极限的四则运算法则

定理　若 $\lim f(x)=A$ 与 $\lim g(x)=B$ 都存在，则有

① $\lim[f(x)\pm g(x)]=\lim f(x)\pm\lim g(x)=A\pm B$;

② $\lim[f(x)g(x)]=\lim f(x)\cdot\lim g(x)=AB$;

③ $\lim\dfrac{f(x)}{g(x)}=\dfrac{\lim f(x)}{\lim g(x)}=\dfrac{A}{B}\ (B\neq0)$;

④ $\lim Cf(x)=C\cdot\lim f(x)=CA$ （C为常数）;

⑤ $\lim[f(x)]^n=\left[\lim f(x)\right]^n=A^n\ (n\in\mathbf{N})$;

⑥ $\lim\sqrt[n]{f(x)}=\sqrt[n]{\lim f(x)}=\sqrt[n]{A}\ (n\in\mathbf{N})$.

其中法则①、②对有限个函数同样成立.

【例 24】求下列极限.

① $\lim\limits_{x \to 2}(3x^2 - 2x + 1)$；　　　　　　② $\lim\limits_{x \to -4}\dfrac{7x^2 + 2x - 6}{3x + 5}$.

【解】

① $\lim\limits_{x \to 2}(3x^2 - 2x + 1) = \lim\limits_{x \to 2}3x^2 - \lim\limits_{x \to 2}2x + \lim\limits_{x \to 2}1 = 3\lim\limits_{x \to 2}x^2 - 2\lim\limits_{x \to 2}x + 1$

$= 3\left(\lim\limits_{x \to 2}x\right)^2 - 2 \times 2 + 1 = 3 \times 2^2 - 2 \times 2 + 1 = 9$.

② $\lim\limits_{x \to -4}\dfrac{7x^2 + 2x - 6}{3x + 5} = \dfrac{\lim\limits_{x \to -4}\left(7x^2 + 2x - 6\right)}{\lim\limits_{x \to -4}(3x + 5)}$

$= \dfrac{7 \times (-4)^2 + 2 \times (-4) - 6}{3 \times (-4) + 5} = \dfrac{98}{-7} = -14$.

结论　设 $f(x)$ 为初等函数且在 x_0 有定义，则有下面的求极限公式：

$$\lim\limits_{x \to x_0}f(x) = f(x_0)$$

【例 25】求极限.

① $\lim\limits_{x \to 0}\sqrt{3\sin x + 2\tan x + \cos x + 3}$；　② $\lim\limits_{x \to 3}\dfrac{2x^2 + 1}{x^2 - 2x - 3}$.

【解】

① $\lim\limits_{x \to 0}\sqrt{3\sin x + 2\tan x + \cos x + 3} = \sqrt{3\sin 0 + 2\tan 0 + \cos 0 + 3} = \sqrt{4} = 2$.

② $\because \lim\limits_{x \to 3}\dfrac{x^2 - 2x - 3}{2x^2 + 1} = \dfrac{0}{19} = 0$，

$\therefore \lim\limits_{x \to 3}\dfrac{2x^2 + 1}{x^2 - 2x - 3} = \infty$.

可以推出结论：若 $\lim g(x) = C \neq 0, \lim f(x) = 0$，则有 $\lim\dfrac{g(x)}{f(x)} = \infty$.

【例 26】求 $\lim\limits_{x \to 1}\dfrac{x^2 - 1}{2x^2 - x - 1}$.

【解】不难看出，此题分子、分母的极限均为 0(称为 $\dfrac{0}{0}$ 型未定式)，

不能直接使用商的极限运算法则. 可以对分子和分母分别分解因式，再约去分母中极限为 0 的因子 $(x-1)$，然后求极限.

$$\lim\limits_{x \to 1}\dfrac{x^2 - 1}{2x^2 - x - 1} = \lim\limits_{x \to 1}\dfrac{(x+1)(x-1)}{(2x+1)(x-1)} = \lim\limits_{x \to 1}\dfrac{x+1}{2x+1} = \dfrac{1+1}{2 \times 1 + 1} = \dfrac{2}{3}$$

结论　一般地，求有理分式形成的 $\dfrac{0}{0}$ 型未定式的极限，可以对分子和分母分别分解因式，再约去分母中极限为 0 的因子，然后求极限.

【例 27】求 $\lim\limits_{x\to\infty}\dfrac{2x-3\sin x}{3x+\sin x}$.

【解】$\lim\limits_{x\to\infty}\dfrac{2x-3\sin x}{3x+\sin x}=\lim\limits_{x\to\infty}\dfrac{2-\dfrac{1}{x}\cdot3\sin x}{3+\dfrac{1}{x}\cdot\sin x}$　　（分子分母同除以 x）

$$=\frac{2-0}{3+0}=\frac{2}{3}.$$

【例 28】求下列各极限.

① $\lim\limits_{x\to\infty}\dfrac{x^2+3}{2x^2-7}$；　　② $\lim\limits_{x\to\infty}\dfrac{x^2+3}{2x^3-7}$；　　③ $\lim\limits_{x\to\infty}\dfrac{x^3+3}{2x^2-7}$.

【解】这三个极限式的分子、分母的极限均为 ∞（称为 $\dfrac{\infty}{\infty}$ 型未定式），

不能直接使用商的极限运算法则.

① 分子、分母同除以分母的最高次幂 x^2，得

$$\lim_{x\to\infty}\frac{x^2+3}{2x^2-7}=\lim_{x\to\infty}\frac{1+\dfrac{3}{x^2}}{2+\dfrac{7}{x^2}}=\frac{1+0}{2-0}=\frac{1}{2}$$

② 与①类似，分子、分母同除以分母的最高次幂 x^3，得

$$\lim_{x\to\infty}\frac{x^2+3}{2x^3-7}=\lim_{x\to\infty}\frac{\dfrac{1}{x}+\dfrac{3}{x^3}}{2-\dfrac{7}{x^3}}=\frac{0+0}{2-0}=0$$

③ 由于 $\lim\limits_{x\to\infty}\dfrac{2x^2-7}{x^3+3}=0$，由无穷小与无穷大的关系可知

$$\lim_{x\to\infty}\frac{x^3+3}{2x^2-7}=\infty$$

结论　设 $P_n(x)$ 和 $Q_m(x)$ 分别为 n 次和 m 次多项式，即

$$P_n(x)=a_nx^n+a_{n-1}x^{n-1}+\cdots+a_1x+a_0$$
$$Q_m(x)=b_mx^m+b_{m-1}x^{m-1}+\cdots+b_1x+b_0$$

其中 $a_0\neq0, b_0\neq0$，则

$$\lim_{x\to\infty}\frac{P_n(x)}{Q_m(x)}=\begin{cases}\dfrac{a_0}{b_0}, & m=n\\[2mm]0, & m>n\\[2mm]\infty, & m<n\end{cases}$$

特别地，若 $Q_m(x)=1$，$n\geq1$，则 $\lim\limits_{x\to\infty}(a_nx^n+a_{n-1}x^{n-1}+\cdots+a_1x+a_0)=\infty$.

【例 29】求 $\lim\limits_{x\to0}\dfrac{\sqrt{1+x}-\sqrt{1-x}}{x}$.

【解】由于分子、分母的极限均为 0，故不能直接用商的极限运算法则，但是可以通过分子有理化的方法约去 0 因子 x，然后求极限.

$$\lim_{x \to \infty} \frac{\sqrt{1+x} - \sqrt{1-x}}{x} = \lim_{x \to 0} \frac{2x}{x(\sqrt{1+x} + \sqrt{1-x})}$$

$$= \lim_{x \to 0} \frac{2}{\sqrt{1+x} + \sqrt{1-x}}$$

$$= \frac{2}{\sqrt{1+0} + \sqrt{1-0}} = 1$$

结论　求无理分式形成的 $\frac{0}{0}$ 型未定式极限的一般方法为：①分子或分母有理化，找到公因式 $(x - x_0)^n$；②约分；③代入. 此法称为有理化法.

【例 30】求 $\lim\limits_{x \to 1} \left(\dfrac{1}{1-x} - \dfrac{3}{1-x^3} \right)$.

【解】$\lim\limits_{x \to 1} \left(\dfrac{1}{1-x} - \dfrac{3}{1-x^3} \right) \xLeftrightarrow{\text{通分}} \lim\limits_{x \to 1} \dfrac{x^2 + x - 2}{1-x^3} = \lim\limits_{x \to 1} \dfrac{(x-1)(x+2)}{(1-x)(1+x+x^2)}$

$$= \lim_{x \to 1} \frac{x+2}{-(1+x+x^2)} = -1.$$

结论　求两个无穷大之差的极限(称为 $\infty - \infty$ 型未定式)的问题，一般采用化差为商的方法解决.

【例 31】求 $\lim\limits_{n \to \infty} \left[\dfrac{1}{1 \times 2} + \dfrac{1}{2 \times 3} + \dfrac{1}{3 \times 4} + \cdots + \dfrac{1}{n \cdot (n+1)} \right]$.

【解】本例求无穷项和的极限，可以先求和，然后取极限.

$$\lim_{n \to \infty} \left[\frac{1}{1 \times 2} + \frac{1}{2 \times 3} + \frac{1}{3 \times 4} + \cdots + \frac{1}{n \cdot (n+1)} \right]$$

$$= \lim_{n \to \infty} \left[\left(1 - \frac{1}{2} \right) + \left(\frac{1}{2} - \frac{1}{3} \right) + \left(\frac{1}{3} - \frac{1}{4} \right) + \cdots + \left(\frac{1}{n} - \frac{1}{n+1} \right) \right]$$

$$= \lim_{n \to \infty} \left(1 - \frac{1}{n+1} \right) = 1 - 0 = 1$$

【例 32】设 $f(x) = \begin{cases} x \sin \dfrac{1}{x}, & x \neq 0 \\ 0, & x = 0 \end{cases}$，求 $\lim\limits_{x \to 0} f(x)$.

【解】$\lim\limits_{x \to 0} f(x) = \lim\limits_{x \to 0} \left(x \sin \dfrac{1}{x} \right) = 0$.

【例 33】设 $f(x) = \begin{cases} \dfrac{1}{x-1}, & x \leq 0 \\ 2x, & 0 < x \leq 1. \\ x^2 + 1, & x > 1 \end{cases}$

求：① $\lim\limits_{x\to 0} f(x)$；　　　② $\lim\limits_{x\to 1} f(x)$；　　　③ $\lim\limits_{x\to \frac{1}{2}} f(x)$；

④ $\lim\limits_{x\to -\infty} f(x)$；　　　⑤ $\lim\limits_{x\to +\infty} f(x)$．

【解】① $\because \lim\limits_{x\to 0^-} f(x) = \lim\limits_{x\to 0^-}\dfrac{1}{x-1} = -1$，$\lim\limits_{x\to 0^+} f(x) = \lim\limits_{x\to 0^+} 2x = 0$，

$\therefore \lim\limits_{x\to 0} f(x)$ 不存在.

② $\because \lim\limits_{x\to 1^-} f(x) = \lim\limits_{x\to 1^-} 2x = 2$，$\lim\limits_{x\to 1^+} f(x) = \lim\limits_{x\to 1^+}(x^2+1) = 2$，

$\therefore \lim\limits_{x\to 1} f(x) = 2$.

③ $\lim\limits_{x\to \frac{1}{2}} f(x) = \lim\limits_{x\to \frac{1}{2}} 2x = 1$.

④ $\lim\limits_{x\to -\infty} f(x) = \lim\limits_{x\to -\infty}\dfrac{1}{x-1} = 0$.　　　⑤ $\lim\limits_{x\to +\infty} f(x) = \lim\limits_{x\to +\infty}(x^2+1) = +\infty$.

【例 34】求 $\lim\limits_{x\to \frac{1}{2}}\left[3-|2x-1|\right]$.

【解】$\because f(x) = 3-|2x-1| = \begin{cases} 2+2x, & x < \dfrac{1}{2} \\ 4-2x, & x \geqslant \dfrac{1}{2} \end{cases}$，

$\lim\limits_{x\to \frac{1}{2}^-} f(x) = \lim\limits_{x\to \frac{1}{2}^-}(2+2x) = 3$，

$\lim\limits_{x\to \frac{1}{2}^+} f(x) = \lim\limits_{x\to \frac{1}{2}^+}(4-2x) = 3$，

$\therefore \lim\limits_{x\to \frac{1}{2}}\left[3-|2x-1|\right] = 3$.

2.4.2　极限存在的两个准则

准则 1　设 $g(x) \leqslant f(x) \leqslant h(x)$，且有 $\lim g(x) = \lim h(x) = A$，则有
$$\lim f(x) = A$$

准则 2　单调有界数列必有极限.

【例 35】求 $\lim\limits_{n\to \infty}\left[\dfrac{1}{n^2} + \dfrac{1}{(n+1)^2} + \dfrac{1}{(n+2)^2} + \cdots + \dfrac{1}{(n+n)^2}\right]$.

【解】$\because \dfrac{n+1}{(n+n)^2} \leqslant \dfrac{1}{n^2} + \dfrac{1}{(n+1)^2} + \dfrac{1}{(n+2)^2} + \cdots + \dfrac{1}{(n+n)^2} \leqslant \dfrac{n+1}{n^2}$，

且 $\lim\limits_{n\to \infty}\dfrac{n+1}{(n+n)^2} = \lim\limits_{n\to \infty}\dfrac{n+1}{4n^2} = 0$，$\lim\limits_{n\to \infty}\dfrac{n+1}{n^2} = 0$，

$$\therefore \lim_{n \to \infty}\left[\frac{1}{n^2} + \frac{1}{(n+1)^2} + \frac{1}{(n+2)^2} + \cdots + \frac{1}{(n+n)^2}\right] = 0.$$

练习 2.4

1. 求下列极限.

① $\displaystyle\lim_{x \to 2}\frac{x^2+4}{x-3}$;　　　　② $\displaystyle\lim_{x \to -1}\frac{x^2+3x+4}{x^2+1}$;

③ $\displaystyle\lim_{x \to 1}\frac{x^2+3x-1}{x^2-1}$;　　　　④ $\displaystyle\lim_{x \to \sqrt{3}}\frac{x+5}{x^2-3}$;

⑤ $\displaystyle\lim_{x \to 1}\frac{x^2+3x-1}{x^2-2}$;　　　　⑥ $\displaystyle\lim_{x \to 3}\frac{x^2-2x-3}{x^2-9}$;

⑦ $\displaystyle\lim_{n \to \infty}(\sqrt{n^2-n}-n)$;　　　　⑧ $\displaystyle\lim_{x \to \infty}\sqrt{n}\left(\sqrt{n+2}-\sqrt{n-3}\right)$

⑨ $\displaystyle\lim_{x \to 1}\frac{\sqrt{x}-1}{x-1}$;　　　　⑩ $\displaystyle\lim_{x \to 1}\left(\frac{2}{x^2-1}-\frac{1}{x-1}\right)$.

2. 设 $f(x) = \dfrac{x^2+1}{x^2-1}$，求：

① $\displaystyle\lim_{x \to 0}f(x)$;　　　　② $\displaystyle\lim_{x \to \infty}f(x)$.

3. 设 $f(x) = \dfrac{\sqrt{1+x}-1}{x}$，求：

① $\displaystyle\lim_{x \to 1}f(x)$;　　　　② $\displaystyle\lim_{x \to 0}f(x)$.

4. 设 $f(x) = \sqrt{x}$，求 $\displaystyle\lim_{h \to 0}\frac{f(x+h)-f(x)}{h}$.

5. 设 $f(x) = \begin{cases} x+4, & x<1 \\ 2x-1, & x \geqslant 1 \end{cases}$，求：① $\displaystyle\lim_{x \to 1}f(x)$；② $\displaystyle\lim_{x \to 0}f(x)$.

6. 设 $f(x) = \begin{cases} x^2, & 0 \leqslant x \leqslant 1 \\ 1, & 1 < x < 2 \end{cases}$，求 $\displaystyle\lim_{x \to 1}f(x)$.

7. 设 $f(x) = \begin{cases} \dfrac{1}{3}x^3, & x \leqslant 0 \\ 5x^2-4x, & 0 < x \leqslant 1 \\ \dfrac{4x}{x+2}, & x > 1 \end{cases}$.

求：① $\displaystyle\lim_{x \to 0}f(x)$;　　② $\displaystyle\lim_{x \to 1}f(x)$;　　③ $\displaystyle\lim_{x \to +\infty}f(x)$.

8. 求：① $\displaystyle\lim_{x \to 0}\frac{|x|}{x}$;　　② $\displaystyle\lim_{x \to 0}\frac{x}{x-|x|}$.

9. $\displaystyle\lim_{x \to 3}\frac{x^2-2x+a}{x-3} = 4$，求 a 的值.

2.5　两个重要极限

2.5.1　重要极限 I

① 标准形：$\lim\limits_{x\to 0}\dfrac{\sin x}{x}=1$.

② 变形：$\lim\limits_{\varphi(x)\to 0}\dfrac{\sin\varphi(x)}{\varphi(x)}=1$.

证明　当 $0<x<\dfrac{\pi}{2}$ 时，作如图 2-11 所示的单位圆，图中 $BC\perp AO$，$DA\perp AO$.

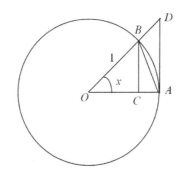

图 2-11

设圆心角 $\angle AOB=x\left(0<x<\dfrac{\pi}{2}\right)$，则

$\triangle AOB$ 的面积<扇形 AOB 的面积<$\triangle AOD$ 的面积，

$\triangle AOB$ 的面积 $=\dfrac{1}{2}OA\cdot BC=\dfrac{1}{2}\times 1\cdot\sin x$，

扇形 AOB 的面积 $=\dfrac{1}{2}\times 1^2\cdot x$，

$\triangle AOD$ 的面积 $=\dfrac{1}{2}OA\cdot AD=\dfrac{1}{2}\times 1\cdot\tan x$，

所以　　　　　$\dfrac{1}{2}\sin x<\dfrac{1}{2}x<\dfrac{1}{2}\tan x$，

即　　　　　　$\sin x<x<\tan x$，

在上式两个不等号的两侧同除以 $\sin x$，得

$$1<\dfrac{x}{\sin x}<\dfrac{1}{\cos x}$$

即　　　　　　$\cos x<\dfrac{\sin x}{x}<1$，

上面的不等式当 $-\dfrac{\pi}{2}<x<0$ 时仍成立.

而 $\lim\limits_{x\to 0}1=\lim\limits_{x\to 0}\cos x=1$，根据极限存在准则 1，有

$$\lim_{x \to 0} \frac{\sin x}{x} = 1$$

从而有

$$\lim_{\varphi(x) \to 0} \frac{\sin \varphi(x)}{\varphi(x)} = \lim_{t \to 0} \frac{\sin t}{t} = 1$$

【例 36】 求下列极限.

① $\displaystyle\lim_{x \to 0} \frac{\sin 3x}{x}$；

② $\displaystyle\lim_{x \to 0} \frac{\sin \sin x}{x}$；

③ $\displaystyle\lim_{x \to 2} \frac{\sin(x^2 - 4)}{x - 2}$；

④ $\displaystyle\lim_{x \to 0} \frac{1 - \cos x}{x^2}$.

【解】 ① $\displaystyle\lim_{x \to 0} \frac{\sin 3x}{x} = \lim_{x \to 0} \left(\frac{\sin 3x}{3x} \cdot 3 \right) = 3 \lim_{x \to 0} \frac{\sin 3x}{3x} = 3 \times 1 = 3$.

② $\displaystyle\lim_{x \to 0} \frac{\sin \sin x}{x} = \lim_{x \to 0} \left(\frac{\sin \sin x}{\sin x} \cdot \frac{\sin x}{x} \right) = \lim_{x \to 0} \frac{\sin \sin x}{\sin x} \cdot \lim_{x \to 0} \frac{\sin x}{x} = 1 \times 1 = 1$.

③ $\displaystyle\lim_{x \to 2} \frac{\sin(x^2 - 4)}{x - 2} = \lim_{x \to 2} \left[\frac{\sin(x^2 - 4)}{x^2 - 4} \cdot (x + 2) \right] = \lim_{x \to 2} \frac{\sin(x^2 - 4)}{x^2 - 4} \cdot \lim_{x \to 2} (x + 2)$

$$= 1 \times (2 + 2) = 4.$$

④ $\displaystyle\lim_{x \to 0} \frac{1 - \cos x}{x^2} = \lim_{x \to 0} \frac{2 \sin^2 \dfrac{x}{2}}{x^2} = \frac{1}{2} \lim_{x \to 0} \left(\frac{\sin \dfrac{x}{2}}{\dfrac{x}{2}} \right)^2 = \frac{1}{2}$.

结论 求含有三角函数式的 $\dfrac{0}{0}$ 型未定式的极限时，通常要用到极限

$\displaystyle\lim_{x \to 0} \frac{\sin x}{x} = 1$，方法为：

① 化三角函数式为正弦函数式；

② 化为标准形(正弦函数符号后为 x)或化为变形(正弦函数符号后为 $\varphi(x)$)；

③ 验证条件，使用公式.

【例 37】 求下列极限.

① $\displaystyle\lim_{x \to 0} \frac{\tan x}{x}$；

② $\displaystyle\lim_{x \to 0} \frac{\arcsin x}{x}$；

③ $\displaystyle\lim_{x \to 0} \frac{\arctan x}{x}$.

【解】 ① $\displaystyle\lim_{x \to 0} \frac{\tan x}{x} = \lim_{x \to 0} \left(\frac{\sin x}{x} \cdot \frac{1}{\cos x} \right) = \lim_{x \to 0} \frac{\sin x}{x} \cdot \lim_{x \to 0} \frac{1}{\cos x} = 1 \times \frac{1}{1} = 1$.

② 令 $y = \arcsin x$，则 $\displaystyle\lim_{x \to 0} \frac{\arcsin x}{x} = \lim_{y \to 0} \frac{y}{\sin y} = 1$.

③ 令 $y = \arctan x$，则 $\displaystyle\lim_{x \to 0} \frac{\arctan x}{x} = \lim_{y \to 0} \frac{y}{\tan y} = 1$.

结论 例 37 中的结果都可以作为公式使用.

2.5.2　重要极限 II

① 标准形：$\lim\limits_{n \to \infty}\left(1+\dfrac{1}{n}\right)^{n} = \mathrm{e}$.

② 变形：$\lim\limits_{\varphi(n) \to \infty}\left[1+\varphi(n)\right]^{\varphi(n)} = \mathrm{e}$.

【例 38】求下列极限.

① $\lim\limits_{n \to \infty}\left(1+\dfrac{a}{n}\right)^{bn}\ (a \neq 0,\, b \neq 0)$；　　　　② $\lim\limits_{n \to \infty}\left(1+\dfrac{1}{n^{2}-1}\right)^{3n^{2}}$.

分析：以上两题都是 1^{∞} 型的极限.

【解】① $\lim\limits_{n \to \infty}\left(1+\dfrac{a}{n}\right)^{bn}$　　　　　（1^{∞} 型）

$$= \lim_{n \to \infty}\left(1+\dfrac{1}{\dfrac{n}{a}}\right)^{bn}　　　　（底数变形）$$

$$= \lim_{n \to \infty}\left(1+\dfrac{1}{\dfrac{n}{a}}\right)^{\frac{n}{a}\cdot ab}　　　（指数变形）$$

$$= \mathrm{e}^{ab}.　　　　（取极限）$$

② $\lim\limits_{n \to \infty}\left(1+\dfrac{1}{n^{2}-1}\right)^{3n^{2}}$　　　　（1^{∞} 型）

$$= \lim_{n \to \infty}\left(1+\dfrac{1}{n^{2}-1}\right)^{(n^{2}-1)\cdot\frac{3n^{2}}{n^{2}-1}} = \mathrm{e}^{\lim\limits_{n \to \infty}\frac{3n^{2}}{n^{2}-1}} = \mathrm{e}^{3}.$$

把上面的公式推广到函数极限，有下面的第 2 组公式.

① 标准形：$\lim\limits_{x \to \infty}\left(1+\dfrac{1}{x}\right)^{x} = \mathrm{e}$.

② 变形：$\lim\limits_{\varphi(x) \to \infty}\left(1+\dfrac{1}{\varphi(x)}\right)^{\varphi(x)} = \mathrm{e}$.

【例 39】求下列极限.

① $\lim\limits_{x \to \infty}\left(1-\dfrac{2}{x}\right)^{x}$；

② $\lim\limits_{x \to +\infty}(3x+1)\left[\ln(2x+3)-\ln(2x+1)\right]$.

【解】① $\lim\limits_{x \to \infty}\left(1-\dfrac{2}{x}\right)^{x}$　　　　（1^{∞} 型）

$$= \lim_{x \to +\infty} \left(1 + \frac{1}{-\dfrac{x}{2}}\right)^{-\frac{x}{2} \cdot (-2)} = e^{-2}.$$

② $\lim\limits_{x \to +\infty} (3x+1)\big[\ln(2x+3) - \ln(2x+1)\big]$

$$= \lim_{x \to +\infty} \ln\left(\frac{2x+3}{2x+1}\right)^{3x+1}$$

$$= \lim_{x \to +\infty} \ln\left(1 + \frac{2}{2x+1}\right)^{3x+1}$$

$$= \lim_{x \to +\infty} \ln\left(1 + \frac{1}{\dfrac{2x+1}{2}}\right)^{\frac{2x+1}{2} \cdot \frac{2(3x+1)}{2x+1}} = \ln e^3 = 3.$$

把第 2 组公式变成等价形式，有下面的公式.

① 标准形：$\lim\limits_{x \to 0} (1+x)^{\frac{1}{x}} = e.$

② 变形：$\lim\limits_{\varphi(x) \to 0} \big[1 + \varphi(x)\big]^{\frac{1}{\varphi(x)}} = e.$

【例 40】求下列极限.

① $\lim\limits_{x \to 0} (1 + \tan 3x)^{\frac{1}{x}}$；　　　　② $\lim\limits_{x \to 0} \sqrt[x]{1 - 3x}$；

③ $\lim\limits_{x \to 0} \dfrac{\ln(1+3x)}{x}$；　　　　　④ $\lim\limits_{x \to \frac{\pi}{2}} (1 + \cot x)^{2\tan x}$.

【解】① $\lim\limits_{x \to 0} (1 + \tan 3x)^{\frac{1}{x}} = \lim\limits_{x \to 0} (1 + \tan 3x)^{\frac{1}{\tan 3x} \cdot \frac{\tan 3x}{x}} = e^{\lim\limits_{x \to 0} \frac{\tan 3x}{x}} = e^3.$

② $\lim\limits_{x \to 0} \sqrt[x]{1 - 3x} = \lim\limits_{x \to 0} (1 - 3x)^{\frac{1}{x}} = \lim\limits_{x \to 0} (1 - 3x)^{-\frac{1}{3x} \cdot (-3)} = e^{-3}.$

③ $\lim\limits_{x \to 0} \dfrac{\ln(1+3x)}{x} = \lim\limits_{x \to 0} \ln(1+3x)^{\frac{1}{x}} = \lim\limits_{x \to 0} \ln(1+3x)^{\frac{1}{3x} \cdot 3} = \ln e^3 = 3.$

④ $\lim\limits_{x \to \frac{\pi}{2}} (1 + \cot x)^{2\tan x} = \lim\limits_{x \to \frac{\pi}{2}} (1 + \cot x)^{\frac{1}{\cot x} \cdot 2} = e^2.$

重要极限 II 是求幂指函数 $\left(y = f(x)^{g(x)}\right)$ 形成的 1^{∞} 型未定式极限的重要公式. 解题时，应先检验是否为 1^{∞} 型，再化为公式的形状，检查条件，套用公式.

【例 41】当 $x \to 0$ 时，下列无穷小量与 x 相比是什么阶的无穷小量.

① $x + \tan x^2$；　　　　　　② $\sqrt{x} + \sin x$；

③ $\sin x - \tan x$；　　　　　④ $\ln(1 + 2x)$.

【解】① $\lim\limits_{x \to 0} \dfrac{x + \tan x^2}{x} = \lim\limits_{x \to 0} \left(1 + \dfrac{\tan x^2}{x^2} \cdot x\right) = 1 + 1 \times 0 = 1$.

② $\lim\limits_{x \to 0} \dfrac{\sqrt{x} + \sin x}{x} = \lim\limits_{x \to 0} \left(\dfrac{1}{\sqrt{x}} + \dfrac{\sin x}{x}\right) = \infty$.

③ $\lim\limits_{x \to 0} \dfrac{\sin x - \tan x}{x} = \lim\limits_{x \to 0} \left(\dfrac{\sin x}{x} - \dfrac{\tan x}{x}\right) = 1 - 1 = 0$.

④ $\lim\limits_{x \to 0} \dfrac{\ln(1 + 2x)}{x} = \lim\limits_{x \to 0} \ln(1 + 2x)^{\frac{1}{x}} = \ln \mathrm{e}^2 = 2$.

∴ 当 $x \to 0$ 时，$x + \tan x^2$ 和 x 是等价无穷小，$\sqrt{x} + \sin x$ 比 x 是低阶无穷小，$\sin x - \tan x$ 比 x 是高阶无穷小，$\ln(1 + 2x)$ 比 x 是同阶不等价无穷小.

2.5.3 利用等价无穷小量替换法求极限

定理　当 • 时，若 $\alpha, \alpha', \beta, \beta'$ 均为无穷小量，且 $\alpha \sim \alpha'$，$\beta \sim \beta'$，$\lim\limits_{\bullet} \dfrac{\beta'}{\alpha'}$ 存在，则有

$$\lim_{\bullet} \frac{\beta}{\alpha} = \lim_{\bullet} \frac{\beta'}{\alpha'}$$

证明　$\lim\limits_{\bullet} \dfrac{\beta}{\alpha} = \lim\limits_{\bullet} \left(\dfrac{\beta}{\beta'} \cdot \dfrac{\beta'}{\alpha'} \cdot \dfrac{\alpha'}{\alpha}\right) = \lim\limits_{\bullet} \dfrac{\beta}{\beta'} \cdot \lim\limits_{\bullet} \dfrac{\beta'}{\alpha'} \cdot \lim\limits_{\bullet} \dfrac{\alpha'}{\alpha} = \lim\limits_{\bullet} \dfrac{\beta'}{\alpha'}$.

【例 42】求 $\lim\limits_{x \to 0} \dfrac{\tan 2x}{\sin 5x}$.

【解】因为当 $x \to 0$ 时，$\tan 2x \sim 2x$，$\sin 5x \sim 5x$，所以

$$\lim_{x \to 0} \frac{\tan 2x}{\sin 5x} = \lim_{x \to 0} \frac{2x}{5x} = \frac{2}{5}$$

推论　在保持上述定理条件的情况下，有：

① $\lim\limits_{\bullet} \dfrac{\beta}{\alpha} = \lim\limits_{\bullet} \dfrac{\beta'}{\alpha} = \lim\limits_{\bullet} \dfrac{\beta}{\alpha'}$；

② $\lim\limits_{\bullet} \left(\dfrac{1}{\alpha} \cdot \beta\right) = \lim\limits_{\bullet} \left(\dfrac{1}{\alpha'} \cdot \beta'\right) = \lim\limits_{\bullet} \left(\dfrac{1}{\alpha} \cdot \beta'\right) = \lim\limits_{\bullet} \left(\dfrac{1}{\alpha'} \cdot \beta\right)$.

可以证明当 $x \to 0$ 时，有：

$$\sin x \sim x,\ \tan x \sim x,\ \arcsin x \sim x,\ \arctan x \sim x,\ 1 - \cos x \sim \frac{x^2}{2},$$

$$\ln(1 + x) \sim x,\ \mathrm{e}^x - 1 \sim x,\ \sqrt[n]{1 + x} - 1 \sim \frac{x}{n}$$

【例 43】求下列极限.

① $\lim\limits_{x \to 0} \dfrac{\sin 2x}{x^3 + 3x}$；

② $\lim\limits_{x \to 0} \dfrac{\tan x - \sin x}{\sin^3 x}$；

③ $\lim\limits_{x \to 0} \dfrac{\tan x - \sin x}{\left(\sqrt[3]{1+x^2} - 1 \right)\left(\sqrt{1+\sin x} - 1 \right)}.$

【解】① $\lim\limits_{x \to 0} \dfrac{\sin 2x}{x^3 + 3x} = \lim\limits_{x \to 0} \dfrac{2x}{x^3 + 3x} = \lim\limits_{x \to 0} \dfrac{2}{x^2 + 3} = \dfrac{2}{3};$

② $\lim\limits_{x \to 0} \dfrac{\tan x - \sin x}{\sin^3 x} = \lim\limits_{x \to 0} \dfrac{\tan x(1 - \cos x)}{x^3} = \lim\limits_{x \to 0} \dfrac{x \cdot \dfrac{1}{2}x^2}{x^3} = \dfrac{1}{2};$

③ $\lim\limits_{x \to 0} \dfrac{\tan x - \sin x}{\left(\sqrt[3]{1+x^2} - 1 \right)\left(\sqrt{1+\sin x} - 1 \right)} = \lim\limits_{x \to 0} \dfrac{\tan x(1 - \cos x)}{\dfrac{x^2}{3} \cdot \dfrac{\sin x}{2}}$

$= \lim\limits_{x \to 0} \dfrac{x \cdot \dfrac{1}{2}x^2}{\dfrac{x^2}{3} \cdot \dfrac{1}{2}x} = 3.$

练习 2.5

1. 求下列极限.

① $\lim\limits_{x \to 0} \dfrac{\tan 3x}{x};$

② $\lim\limits_{x \to 0} \dfrac{\sin 5x}{\sin 3x}$

③ $\lim\limits_{x \to 0} \dfrac{\sin 3x}{3x};$

④ $\lim\limits_{x \to 0} \dfrac{1 - \cos x}{x^2};$

⑤ $\lim\limits_{x \to 0} \dfrac{\sin 2x}{x};$

⑥ $\lim\limits_{x \to 0} \dfrac{\tan 2x}{3x};$

⑦ $\lim\limits_{x \to 0} \dfrac{\sin \alpha x - \sin \beta x}{x};$

⑧ $\lim\limits_{x \to 0} \dfrac{\tan x - \sin x}{x^3}.$

2. 求下列极限.

① $\lim\limits_{n \to \infty} \left(1 + \dfrac{1}{n+1}\right)^n;$

② $\lim\limits_{x \to \infty} \left(1 - \dfrac{2}{x}\right)^{x+3};$

③ $\lim\limits_{x \to 0} \sqrt[x]{1 - 3x};$

④ $\lim\limits_{x \to 0} \dfrac{\ln(1 + 2x)}{x};$

⑤ $\lim\limits_{x \to \infty} \left(\dfrac{2x+5}{2x+1}\right)^{x+1};$

⑥ $\lim\limits_{n \to \infty} \left(\dfrac{n^2+1}{n^2-1}\right)^{n^2};$

⑦ $\lim\limits_{x \to +\infty} x\left[\ln(x+1) - \ln x\right];$

⑧ $\lim\limits_{x \to 0} (1+x)^{\cot x};$

⑨ $\lim\limits_{x \to 0} (1 + \tan x)^{\frac{2}{x}};$

⑩ $\lim\limits_{x \to 0} (1 - \sin x)^{\frac{2}{x}};$

⑪ $\lim\limits_{x \to 0} (1 - x)^{-\frac{1}{\sin x}};$

⑫ $\lim\limits_{x \to \infty} \left(\dfrac{x+1}{x-1}\right)^x;$

⑬　$\lim\limits_{x \to 0}(x + e^x)^{\frac{2}{x}}$；

⑭　$\lim\limits_{x \to \infty}\left(\dfrac{x^2 + 1}{x^2 - 1}\right)^{x^2}$；

⑮　$\lim\limits_{x \to +\infty} x\left[\ln(x - 2) - \ln(x + 1)\right]$；

⑯　$\lim\limits_{x \to \infty}\left(\dfrac{x + 1}{x}\right)^{\frac{x}{2}}$．

3．证明：当 $x \to 0$ 时，$\sqrt{4x} - 2$ 与 $\sqrt{9x} - 3$ 是同阶无穷小量．

4．证明：$\sqrt{1 + x} - 1 \sim \dfrac{x}{2}\quad (x \to 0)$．

2.6　函数的连续性

第 1 章讨论了微积分的研究对象——函数，本章前 5 节又给出了研究函数的方法——极限，这为我们用分析的方法研究函数奠定了基础．但是函数的种类极为复杂，那么应从研究什么类型的函数开始呢？微积分的发展史告诉我们，无论在理论上或在实践中都应从连续函数开始．这是因为，现实世界中许多变量的变化是连续的，如流体的连续流动、气温的连续升降、压力的连续增减等，这种现象反映在数学上就是函数的连续性．另外，我们常常直接或间接地借助连续函数讨论一些不连续的函数，因此连续函数就成为微积分这门课程的主要研究对象．

2.6.1　函数连续的概念

1．函数的增量（或改变量）

在函数 $y = f(x)$ 的定义域内，设自变量 x 由始值 x_0 变到终值 x，相应的函数值由始值 $f(x_0)$ 变到终值 $f(x)$，则差 $\Delta x = x - x_0$ 称为自变量 x 在点 x_0 的增量或改变量，$\Delta y = f(x) - f(x_0)$ 称为函数 y 在点 x_0 相应的增量或改变量，根据定义，有

$$x = x_0 + \Delta x，f(x) = f(x_0) + \Delta y$$

于是，有 $\Delta y = f(x_0 + \Delta x) - f(x_0)$．

当自变量由 x 变到 $x + \Delta x$ 时，函数 $y = f(x)$ 的增量为

$$\Delta y = f(x + \Delta x) - f(x)$$

注意，Δx 与 Δy 都是表示增量的完整记号，Δx 与 Δy 可正、可负也可为 0．

【例 44】①　当 $x = 2，\Delta x = 0.1$ 时，求函数 $y = x^2$ 时的增量；

②　当 $x = 3，\Delta x = -0.2$ 时，求函数 $y = \sqrt{x}$ 时的增量；

③　当在某点处自变量有增量 Δx 时，求函数 $y = 3x^2$ 的增量．

【解】①　$\Delta y = f(x + \Delta x) - f(x) = (2 + \Delta x)^2 - 2^2 = 4\Delta x + (\Delta x)^2$

$$= 4 \times 0.1 + 0.1^2 = 0.41．$$

② $\Delta y = f(x + \Delta x) - f(x) = f(3 - 0.2) - f(3)$

$\quad = f(2.8) - f(3) = \sqrt{2.8} - \sqrt{3} \approx -0.058.$

③ $\Delta y = f(x + \Delta x) - f(x) = 3(x + \Delta x)^2 - 3x^2$

$\quad = 3\left[x^2 + 2x\Delta x + (\Delta x)^2 \right] - 3x^2 = 6x\Delta x + 3(\Delta x)^2.$

2. 函数在一点连续的定义

气温可以看成时间的函数，它随时间变化而变化，当时间的增量很小时，气温的增量也很小．凡属连续变化的运动或状态，在数量上都有这种类似的共同特点．这种连续变化的概念反映在数学上，就是当自变量的增量很微小时，函数的增量也很微小．

定义　设函数 $y = f(x)$ 在点 x_0 的某个邻域内有定义，记

$$\Delta y = f(x_0 + \Delta x) - f(x_0)$$

若

$$\lim_{\Delta x \to 0} \Delta y = 0$$

则称函数 $y = f(x)$ 在点 x_0 处连续，或称 x_0 是 $f(x)$ 的连续点．

由于

$$0 = \lim_{\Delta x \to 0} \Delta y = \lim_{\Delta x \to 0} \left[f(x_0 + \Delta x) - f(x_0) \right] \xupuntarrow{x = x_0 + \Delta x} \lim_{x \to x_0} \left[f(x) - f(x_0) \right]$$

$$\Leftrightarrow \lim_{x \to x_0} f(x) = f(x_0)$$

因此，函数 $y = f(x)$ 在点 x_0 处连续的定义可以用下面的方式表述．

定义　设函数 $y = f(x)$ 在点 x_0 的某个邻域内有定义，若

$$\lim_{x \to x_0} f(x) = f(x_0)$$

则称函数 $y = f(x)$ 在点 x_0 处连续，或称 x_0 是 $f(x)$ 的连续点．

3. 函数在某一点连续的三个条件

$$f(x)\text{在点}x_0\text{处连续} \Leftrightarrow \begin{cases} ① \ f(x)\text{在点}x_0\text{有定义} \\ ② \ \lim\limits_{x \to x_0} f(x)\text{存在} \\ ③ \ \lim\limits_{x \to x_0} f(x) = f(x_0) \end{cases}$$

4. 左连续与右连续

定义　设 $f(x)$ 在点 x_0 的某个邻域内有定义，若

$$\lim_{x \to x_0^-} f(x) = f(x_0) \ (\text{或} \lim_{x \to x_0^+} f(x) = f(x_0))$$

则称 $f(x)$ 在点 x_0 处左连续(或右连续)．

由连续函数的定义及双侧极限与单侧极限的关系，我们有下面定理．

定理　函数 $f(x)$ 在点 x_0 处连续的充要条件是 $f(x)$ 在点 x_0 处左连续且右连续．

5. 函数在区间上连续的定义

定义　如果函数 $f(x)$ 在开区间 (a,b) 内的每一点都连续，则称函数 $f(x)$ 在开区间 (a,b) 上连续；若函数 $f(x)$ 在开区间 (a,b) 上连续，在点 $x=a$ 处右连续，在点 $x=b$ 处左连续，则称函数 $f(x)$ 在闭区间 $[a,b]$ 上连续.

下面，我们再给出函数在一点不连续或间断的定义.

6. 函数在一点间断

定义　如果函数 $f(x)$ 在点 x_0 处连续的三个条件中至少有一条不成立，则称函数 $f(x)$ 在点 x_0 处不连续（或间断），称点 x_0 为 $f(x)$ 的不连续点（或间断点）.

间断点的分类定义如下.

定义　若函数 $f(x)$ 当 $x \to x_0$ 时，左右极限都存在但不相等，则称点 x_0 为 $f(x)$ 的第一类跳跃间断点；若函数 $f(x)$ 当 $x \to x_0$ 时，左右极限都存在且相等，但不等于 $f(x)$ 在点 x_0 处的函数值（或 $f(x)$ 在点 x_0 处无定义），则称点 x_0 为 $f(x)$ 的第一类可去间断点. 除了第一类间断点外，其他间断点都称为第二类间断点.

【例 45】 求下列函数的间断点，并指明间断点类型.

① $f(x) = \begin{cases} x-2, & x<0 \\ \mathrm{e}^x, & x \geqslant 0 \end{cases}$；

② $f(x) = \dfrac{\sin x}{x^2 - 2x}$；

③ $f(x) = \dfrac{1}{1 + \mathrm{e}^{\frac{1}{x-1}}}$.

【解】 ① 函数 $f(x)$ 是分段函数，当 $x<0$ 时，$x-2$ 是连续的；当 $x \geqslant 0$ 时 e^x 也是连续的. 因此考察分段点 $x=0$ 处的情形. 由

$$\lim_{x \to 0^-} f(x) = \lim_{x \to 0^-} (x-2) = -2$$

$$\lim_{x \to 0^+} f(x) = \lim_{x \to 0^+} \mathrm{e}^x = 1$$

可知，在点 $x=0$ 处，函数的左右极限都存在但不相等，所以点 $x=0$ 是 $f(x)$ 的第一类跳跃间断点.

② 函数 $f(x)$ 是初等函数，定义域为 $(-\infty, 0) \cup (0, 2) \cup (2, +\infty)$.

在点 $x=0$ 处，因为

$$\lim_{x \to 0} f(x) = \lim_{x \to 0} \frac{\sin x}{x(x-2)} = \lim_{x \to 0} \left(\frac{\sin x}{x} \cdot \frac{1}{x-2} \right) = -\frac{1}{2}$$

所以，点 $x=0$ 是 $f(x)$ 的第一类可去间断点.

在点 $x=2$ 处，因为

$$\lim_{x\to 2} f(x) = \lim_{x\to 2} \frac{\sin x}{x(x-2)} = \infty$$

所以点 $x=2$ 是 $f(x)$ 的第二类间断点. 由于 $\lim_{x\to 2} f(x) = \infty$，我们也把这样的间断点称为无穷间断点.

③ 函数 $f(x)$ 是初等函数，定义域为 $(-\infty,1)\bigcup(1,+\infty)$. 在点 $x=1$ 处，由于

$$\lim_{x\to 1^+} f(x) = \lim_{x\to 1^+} \frac{1}{1+e^{1/(x-1)}} = 0$$

$$\lim_{x\to 1^-} f(x) = \lim_{x\to 1^-} \frac{1}{1+e^{1/(x-1)}} = 1$$

所以点 $x=1$ 是 $f(x)$ 的第一类跳跃间断点.

【例 46】讨论函数 $f(x) = \sin\dfrac{1}{x}$，在点 $x=0$ 处的连续性.

【解】因为函数 $f(x)$ 在点 $x=0$ 处没有定义，并且 $\lim_{x\to 0}\sin\dfrac{1}{x}$ 不存在，所以此点是 $f(x)$ 的第二类间断点. 这种间断点称为振荡间断点，如图 2-12 所示.

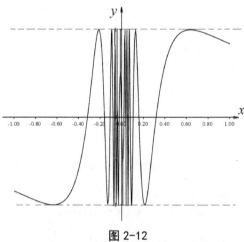

图 2-12

2.6.2　连续函数的有关定理

定理（四则运算） 若 $f(x)$ 与 $g(x)$ 在点 x_0 处都连续，则 $f(x) \pm g(x)$，$f(x)g(x)$ 与 $\dfrac{f(x)}{g(x)}(g(x_0) \neq 0)$ 在点 x_0 处也都连续.

定理（复合函数的连续性） 若 $u=g(x)$ 在点 x_0 处连续，$y=f(u)$ 在点 $u_0 = g(x_0)$ 处连续，则复合函数 $y=f[g(x)]$ 在点 x_0 处连续.

由复合函数的连续性定理可知：

$$\lim_{x\to x_0} f[g(x)] = f(u_0) = f\left[\lim_{x\to x_0} g(x)\right]$$

根据上式，求复合函数的极限时，如果 $u = g(x)$ 在点 x_0 处有极限，且 $y = f(u)$ 在点 $u_0 = g(x_0)$ 处连续，则极限符号与函数符号可以交换顺序.

定理（反函数的连续性）　若函数 $y = f(x)$ 在某区间上严格单调且连续，则它的反函数 $x = f^{-1}(y)$ 在对应区间上严格单调且连续.

定理（初等函数的连续性）　初等函数在定义区间上连续.

由初等函数的连续性定理可知，若 $f(x)$ 是初等函数，且在点 x_0 处有定义，则有
$$\lim_{x \to x_0} f(x) = f(x_0)$$

【例 47】讨论函数
$$f(x) = \begin{cases} 3x+1, & x \leqslant 0 \\ 2x^2+1, & 0 < x \leqslant 3 \\ x^3-8x+16, & 3 < x < 5 \end{cases}$$

在点 $x=0$ 和点 $x=3$ 处的连续性.

【解】对照连续性定义的三个条件，逐点进行讨论.

① 在点 $x=0$ 处.

$f(x)$ 在点 $x=0$ 处有定义，$f(0)=1$.

$\because \lim\limits_{x \to 0^-} f(x) = \lim\limits_{x \to 0^-} (3x+1) = 1$,

$\quad \lim\limits_{x \to 0^+} f(x) = \lim\limits_{x \to 0^+} (2x^2+1) = 1$,

$\therefore \lim\limits_{x \to 0} f(x) = 1 = f(0)$，$f(x)$ 在点 $x=0$ 处连续.

② 在点 $x=3$ 处.

$f(x)$ 在点 $x=3$ 处有定义，$f(3)=19$.

$\because \lim\limits_{x \to 3^-} f(x) = \lim\limits_{x \to 3^-} (2x^2+1) = 19$,

$\quad \lim\limits_{x \to 3^+} f(x) = \lim\limits_{x \to 3^+} (x^3-8x+16) = 19$,

$\therefore \lim\limits_{x \to 3} f(x) = 19 = f(3)$，$f(x)$ 在点 $x=3$ 处连续.

【例 48】试补充定义 $f(x)$ 的值，使得 $f(x) = \dfrac{\sqrt{1+x} - \sqrt{1-x}}{x}$ 在点 $x=0$ 处连续.

【解】$\because \lim\limits_{x \to 0} f(x) = \lim\limits_{x \to 0} \dfrac{\sqrt{1+x} - \sqrt{1-x}}{x}$

$\qquad = \lim\limits_{x \to 0} \dfrac{2x}{x(\sqrt{1+x} + \sqrt{1-x})}$

$\qquad = \lim\limits_{x \to 0} \dfrac{2}{\sqrt{1+x} + \sqrt{1-x}} = 1$.

$\therefore$ 可以定义 $f(0)=1$，则 $f(x)$ 在点 $x=0$ 处连续.

【例49】求下列函数的间断点和连续区间.

① $y=\dfrac{\sqrt{2x+1}}{2x^2-x-1}$；

② $y=\begin{cases}\dfrac{1}{x-1}, & x<0\\[2mm] 3x+1, & 0<x<1\\[1mm] 3, & 1\leqslant x\leqslant 4\end{cases}$.

【解】① 先求定义域. 令

$$\begin{cases}2x+1\geqslant 0\\ 2x^2-x-1\neq 0\end{cases} \quad 得 \quad \begin{cases}x\geqslant -\dfrac{1}{2}\\[2mm] x\neq -\dfrac{1}{2}\,且\,x\neq 1\end{cases}$$

$\therefore D_f=\left(-\dfrac{1}{2},1\right)\bigcup(1,+\infty)$.

因为 $y=\dfrac{\sqrt{2x+1}}{2x^2-x-1}$ 是初等函数，所以，连续区间为 $\left(-\dfrac{1}{2},1\right)\bigcup(1,+\infty)$.

当 $x=1$ 时，函数没有定义，所以函数在点 $x=1$ 处不连续.

② 当 $x<0$ 时，$y=\dfrac{1}{x-1}$ 为初等函数，且有定义，从而连续；

当 $0<x<1$ 时，$y=3x+1$ 为初等函数，且有定义，从而连续；

当 $1\leqslant x\leqslant 4$ 时，$y=3$ 为初等函数，且有定义，从而连续；

当 $x=0$ 时，y 无定义，所以函数在点 $x=0$ 处不连续；

当 $x=1$ 时，y 有定义，$y(1)=3$.

$$\lim_{x\to 1^-}y=\lim_{x\to 1^-}(3x+1)=4,\ \lim_{x\to 1^+}y=\lim_{x\to 1^+}3=3$$

$\lim\limits_{x\to 1}y$ 不存在，所以函数在点 $x=1$ 处不连续.

$\because D_f=(-\infty,0)\bigcup(0,4]$；

$\therefore$ 函数的间断点为点 $x=0$，$x=1$，连续区间为 $(-\infty,0)\bigcup(0,1)\bigcup(1,4]$.

【例50】设 $f(x)=\begin{cases}\sqrt[x]{1+2x}, & x\neq 0\\ a+1, & x=0\end{cases}$ 在点 $x=0$ 处连续，求 a 的值.

【解】$f(0)=a+1,\ \lim\limits_{x\to 0}f(x)=\lim\limits_{x\to 0}\sqrt[x]{1+2x}=\lim\limits_{x\to 0}(1+2x)^{\frac{1}{x}}=e^2$.

因为 $f(x)$ 在点 $x=0$ 处连续，所以有 $a+1=e^2$，$a=e^2-1$.

2.6.3 闭区间上连续函数的性质

下面介绍定义在闭区间上的连续函数的四个基本性质. 这些性质在几何上是很直观的，然而严格证明比较困难，因此，要求结合图形理解这些性质，并会应用就可以了.

定理（有界性质） 若函数 $f(x)$ 在闭区间 $[a,b]$ 上连续，则 $f(x)$ 在 $[a,b]$ 上有界.

定理（最大值与最小值性质）　若函数 $f(x)$ 在闭区间 $[a,b]$ 上连续，则 $f(x)$ 在 $[a,b]$ 上一定存在最大值与最小值.

例如，在图 2-13 中，$f(x)$ 在闭区间 $[a,b]$ 上连续. 曲线 $y=f(x)$ 是由 A 到 B 的一条连续曲线；最高点处的函数值 $f(x_2)$ 为最大值 M，最低点处的函数值 $f(x_1)$ 为最小值 m，且曲线在水平直线 $y=M$ 与 $y=m$ 之间，$f(x)$ 在 $[a,b]$ 上有界.

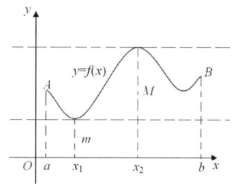

图 2-13

定理（介值性质）　若函数 $f(x)$ 在闭区间 $[a,b]$ 上连续，m 和 M 分别为 $f(x)$ 在 $[a,b]$ 上的最小值与最大值，则对介于 m 与 M 之间的任意的一个实数 $C(m<C<M)$，至少存在一点 $\xi\in(a,b)$，使得 $f(\xi)=C$.

例如，在图 2-14 中，连续曲线 $y=f(x)$ 与直线 $y=C$ 相交于三点，其横坐标分别为 ξ_1,ξ_2,ξ_3，所以有 $f(\xi_1)=f(\xi_2)=f(\xi_3)=C$.

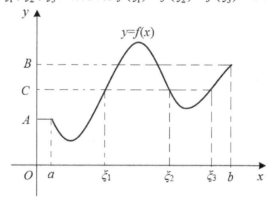

图 2-14

定理（零点性质）　如果函数 $f(x)$ 在闭区间 $[a,b]$ 上连续，且 $f(a)$ 与 $f(b)$ 异号，则至少存在一点 $\xi\in(a,b)$，使得 $f(\xi)=0$.

例如，在图 2-15 中，由于 $f(a)$ 与 $f(b)$ 异号，A 与 B 在 x 轴的两侧，则连续曲线 $y=f(x)$ 与 x 轴至少有一个交点 $(\xi,0)$，所以有 $f(\xi)=0$.

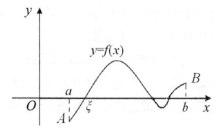

图 2-15

【例51】证明方程 $x^3 - 3x^2 - x + 3 = 0$ 在 $(-2,0)$，$(0,2)$，$(2,4)$ 内各有一个实数根.

证明　由于 $f(x) = x^3 - 3x^2 - x + 3$ 在任意的一个区间 $[a,b]$ 上都连续，且 $f(-2)<0$，$f(0)>0$，$f(2)<0$，$f(4)>0$，所以 $f(x)$ 在 $[-2,0]$，$[0,2]$，$[2,4]$ 上分别满足零点性质定理的条件，由零点性质可知，存在 $\xi_1 \in (-2,0)$，$\xi_2 \in (0,2)$，$\xi_3 \in (2,4)$，使得 $f(\xi_1)=0$，$f(\xi_2)=0$，$f(\xi_3)=0$，这说明 ξ_1，ξ_2，ξ_3 都是方程 $x^3 - 3x^2 - x + 3 = 0$ 的实根.

由于三次方程至多有三个实根，所以 ξ_1，ξ_2，ξ_3 是该方程的全部实数根，即方程在 $(-2,0)$，$(0,2)$，$(2,4)$ 的每个区间内各有一个实根.

练习 2.6

1. 当 $x=1$，$\Delta x = 0.5$ 时，求函数 $f(x) = -x^2 + \dfrac{1}{2}x$ 的增量.

2. 设 $f(x) = \dfrac{1}{x}$，当自变量由 x 变到 $x + \Delta x$ 时，求函数的增量 Δy.

3. 讨论下列函数在点 $x=0$ 处的连续性.

① $f(x) = \begin{cases} x^2 \sin \dfrac{1}{x}, & x \neq 0 \\ 0, & x = 0 \end{cases}$；　② $f(x) = \begin{cases} \mathrm{e}^{\frac{-1}{x^2}}, & x \neq 0 \\ 0, & x = 0 \end{cases}$；

③ $f(x) = \begin{cases} \dfrac{|\sin x|}{x}, & x \neq 0 \\ 1, & x = 0 \end{cases}$；　④ $f(x) = \begin{cases} \mathrm{e}^x, & x \leqslant 0 \\ \dfrac{\sin x}{x}, & x > 0 \end{cases}$.

4. 给下列各函数的 $f(0)$ 补充定义一个值，使得 $f(x)$ 在点 $x=0$ 处连续.

① $f(x) = \sin x \cos \dfrac{1}{x}$；　② $f(x) = \ln(1 + ax)^{\frac{b}{x}}$，$a$，$b$ 均不为 0.

5. 求下列函数的间断点和连续区间，并判断间断点的类型.

① $f(x) = \dfrac{1}{1 - x^2} + \sqrt{x+2}$；　② $f(x) = \dfrac{x^2 - 1}{x^2 - 5x + 6}$；

③ $f(x) = \begin{cases} \mathrm{e}^x, & x \leqslant 0 \\ \dfrac{\sin 2x}{x}, & x > 0 \end{cases}$；　④ $f(x) = \begin{cases} |x|, & |x| \leqslant 1 \\ \dfrac{x}{|x|}, & 1 < |x| \leqslant 3 \end{cases}$.

6. 设函数 $f(x) = \begin{cases} x-1, & x < 0 \\ 0, & x = 0 \\ x+1, & x > 0 \end{cases}$，讨论 $f(x)$ 在点 $x=0$ 处的连续性.

7. 设函数 $f(x) = \begin{cases} \dfrac{1}{x}\sin x, & x < 0 \\ k, & x = 0 \\ x\sin\dfrac{1}{x}, & x > 0 \end{cases}$，问 k 为何值时，$f(x)$ 是连续函数，

为什么？

8. 设 $f(x) = \begin{cases} \dfrac{x\ln x}{1-x}, & x > 0,\text{且 } x \ne 1 \\ A, & x = 1 \end{cases}$，求 A 的值，使 $f(x)$ 在 $(0, +\infty)$ 上连

续.

9. 证明方程 $x^4 - 3x^2 + 7x = 10$ 在区间 $(1, 2)$ 内至少有一个实数根.

10. 设函数 $f(x) = \begin{cases} 3x+a, & x \le 0 \\ x^2+1, & 0 < x < 1 \\ \dfrac{b}{x}, & x \ge 1 \end{cases}$，若 $f(x)$ 在 $(-\infty, +\infty)$ 内连续，求 a，

b 的值.

11. 已知 $a > 0$，$f(x) = \begin{cases} \dfrac{\cos x}{x+2}, & x \ge 0 \\ \dfrac{\sqrt{a}-\sqrt{a-x}}{x}, & x < 0 \end{cases}$.

① 当 a 为何值时，$x=0$ 是 $f(x)$ 的连续点；

② 当 a 为何值时，$x=0$ 是 $f(x)$ 的间断点；

③ 当 $a=2$ 时，求 $f(x)$ 的连续区间.

习 题 2

一、单项选择题

1. 数列 0，$\dfrac{1}{3}$，$\dfrac{2}{4}$，$\dfrac{3}{5}$，$\dfrac{4}{6}$，$\cdots$，$\dfrac{n-1}{n+1}$，$\cdots$，（　　）.

　　A. 以 0 为极限　　　　　　　　B. 以 1 为极限

　　C. 以 $\dfrac{n-2}{n}$ 为极限　　　　　D. 不存在极限

2. $\lim\limits_{x \to 1} \dfrac{|x-1|}{x-1}$ 的值（　　）.

　　A. $=-1$　　　　　B. $=1$　　　　　C. $=0$　　　　　D. 不存在

3. 如果 $\lim\limits_{x \to x_0} f(x) = \infty$，$\lim\limits_{x \to x_0} g(x) = \infty$，则必有（　　）.

　　A. $\lim\limits_{x \to x_0} \left[f(x) + g(x) \right] = \infty$　　　　B. $\lim\limits_{x \to x_0} \left[f(x) - g(x) \right] = 0$

　　C. $\lim\limits_{x \to x_0} \dfrac{1}{f(x) + g(x)} = 0$　　　　D. $\lim\limits_{x \to x_0} kf(x) = \infty$（$k$ 为非零常数）

4. $\lim\limits_{x \to 1} \dfrac{\sin(x-1)}{x^2 - 1} = $（　　）.

　　A. 1　　　　　　B. 2　　　　　　C. 0　　　　　　D. $\dfrac{1}{2}$

5. 函数 $f(x)$ 在点 x_0 处有定义是 $f(x)$ 在该点处连续的（　　）.

　　A. 充要条件　　　B. 充分条件　　　C. 必要条件　　　D. 无关条件

6. 无穷小量是（　　）.

　　A. 比 0 稍大一点的一个数　　　　B. 一个很小很小的数

　　C. 以 0 为极限的一个变量　　　　D. 数 0

7. 两个无穷小量 α 与 β 之积 $\alpha\beta$ 仍是无穷小量，且与 α 或 β 相比（　　）.

　　A. 是高阶无穷小量　　　　　　　B. 是同阶无穷小量

　　C. 可能是高阶无穷小量，也可能是同阶无穷小量

　　D. 与阶数较高的那个同阶

8. 设函数 $f(x) = \begin{cases} \dfrac{1}{x} \sin \dfrac{x}{3}, & x \neq 0 \\ a, & x = 0 \end{cases}$，要使 $f(x)$ 在 $(-\infty, +\infty)$ 上连续，

$a = $（　　）.

　　A. 0　　　　　　B. 1　　　　　　C. $\dfrac{1}{3}$　　　　　　D. 3

9. 方程 $x^4 - x - 1 = 0$ 至少有一个根所在的区间是（　　）.

　　A. $\left(0, \dfrac{1}{2}\right)$　　　B. $\left(\dfrac{1}{2}, 1\right)$　　　C. $(2, 3)$　　　D. $(1, 2)$

10. 设函数 $f(x) = \begin{cases} \dfrac{\sqrt{x+1} - 1}{x}, & x \neq 0 \\ 0, & x = 0 \end{cases}$，则 $x = 0$ 是函数 $f(x)$ 的（　　）.

　　A. 第一类可去间断点　　　　　　B. 无穷间断点

　　C. 连续点　　　　　　　　　　　D. 第一类跳跃间断点

二、填空题

1. $\lim\limits_{n \to \infty} \left(\sqrt{n+1} - \sqrt{n} \right) \sqrt{n-1} = \underline{\hspace{2cm}}$.

2. $\lim\limits_{n \to \infty} \dfrac{1 + \dfrac{1}{2} + \dfrac{1}{4} + \cdots + \dfrac{1}{2^n}}{1 + \dfrac{1}{3} + \dfrac{1}{9} + \cdots + \dfrac{1}{3^n}} = \underline{\hspace{2cm}}$.

3. 已知 $\lim\limits_{n\to\infty}\dfrac{an^2+bn+5}{3n+2}=2$，则 $a=$ _____，$b=$ _____.

4. 当 $x\to0$ 时，$\tan x+x^3$ 与 x 相比是 _____ 无穷小量.

5. 设 $f(x)=\begin{cases}\dfrac{\sin kx}{x}, & x<0 \\ x+2, & x\geqslant0\end{cases}$ 连续，则 $k=$ _____.

6. $\lim\limits_{x\to+\infty}\dfrac{(2x-3)^{20}(3x+2)^{30}}{(5x+1)^{50}}=$ _____.

7. $\lim\limits_{x\to\infty}\dfrac{x+\sin x}{x}=$ _____.

8. 函数 $f(x)=\dfrac{x}{\ln|x-1|}$ 的间断点是 _____.

9. $\lim\limits_{x\to0}\left(x\sin\dfrac{1}{x}+\dfrac{1}{x}\sin x\right)=$ _____.

10. 若 $\lim\limits_{x\to\infty}\left(1+\dfrac{5}{x}\right)^{-kx}=\mathrm{e}^{-10}$，则 $k=$ _____.

11. 如果函数 $f(x)$ 当 $x\to a$ 时的左右极限存在，但 $f(x)$ 在点 $x=a$ 处不连续，则称间断点 $x=a$ 为第 _____ 类间断点.

三、解答题

1. 已知 $x_n=\dfrac{1}{3}+\dfrac{1}{15}+\cdots+\dfrac{1}{4n^2-1}$，求 $\lim\limits_{n\to\infty}x_n$.

2. 设 $f(x)=\lim\limits_{n\to\infty}\dfrac{x^n}{1+x^n}$ $(x>0)$，求 $f(x)$.

3. 判断 $\lim\limits_{x\to\infty}\mathrm{e}^{\frac{1}{x}}$ 是否存在；若将极限过程由 $x\to\infty$ 改为 $x\to0$，结果如何？

4. 求 $f(x)=\dfrac{x}{x}$，$\varphi(x)=\dfrac{|x|}{x}$ 当 $x\to0$ 时的左右极限，并说明它们在 $x\to0$ 时的极限是否存在.

5. 计算下列极限.

① $\lim\limits_{x\to\sqrt{3}}\dfrac{x^2-3}{x^2+1}$；　　② $\lim\limits_{h\to0}\dfrac{(x+h)^2-x^2}{h}$；

③ $\lim\limits_{x\to\infty}\dfrac{x^2-1}{2x^2-x-1}$；　　④ $\lim\limits_{x\to\infty}\dfrac{x^2+x}{x^4-3x^2+1}$；

⑤ $\lim\limits_{n\to\infty}\left(1+\dfrac{1}{2}+\dfrac{1}{4}+\cdots+\dfrac{1}{2^n}\right)$；

⑥ $\lim\limits_{n\to\infty}\left(1-\dfrac{1}{2^2}\right)\left(1-\dfrac{1}{3^2}\right)\cdots\left(1-\dfrac{1}{n^2}\right)$.

6. 计算下列极限.

① $\lim\limits_{x\to0}(x\cot x)$；　　② $\lim\limits_{x\to0}\dfrac{1-\cos2x}{x\sin x}$；

③ $\lim\limits_{x\to 0}\dfrac{2\arcsin x}{3x}$;

④ $\lim\limits_{n\to\infty}\left(2^n\sin\dfrac{x}{2^n}\right)$ （$x\neq 0$，为常数）;

⑤ $\lim\limits_{x\to 0^+}\dfrac{x}{\sqrt{1-\cos x}}$;　　　　⑥ $\lim\limits_{x\to\pi}\dfrac{\sin x}{\pi-x}$;

⑦ $\lim\limits_{x\to\infty}\left(\dfrac{3x^2+5}{5x+3}\sin\dfrac{2}{x}\right)$;　　　⑧ $\lim\limits_{x\to 0}\dfrac{x-\sin x}{x+\sin x}$;

⑨ $\lim\limits_{x\to 0}(1-x)^{\frac{2}{x}}$;　　　　⑩ $\lim\limits_{x\to\infty}\left(\dfrac{1+x}{x}\right)^{3x}$;

⑪ $\lim\limits_{x\to\infty}\left(1-\dfrac{2}{x}\right)^{\frac{x}{2}-1}$;　　　⑫ $\lim\limits_{x\to\frac{\pi}{2}}(1+\cos x)^{2\sec x}$;

⑬ $\lim\limits_{x\to\infty}\left(\dfrac{x}{1+x}\right)^{x+3}$;　　　⑭ $\lim\limits_{x\to 0}(1+x\mathrm{e}^x)^{\frac{1}{x}}$;

⑮ $\lim\limits_{n\to\infty}\left(\dfrac{\sqrt{n^2+1}}{n+1}\right)^n$;　　　⑯ $\lim\limits_{x\to\frac{\pi}{4}}(\tan x)^{\tan 2x}$.

7. 若当 $x\to 0$ 时，$\sqrt{1+ax^2}-1$ 与 $\sin^2 x$ 为等价无穷小量，求 a .

8. 若 $\lim\limits_{x\to\infty}\left(\dfrac{x^2+1}{x+1}-ax-b\right)=0$ ，求 a,b 的值.

9. 求下列极限.

① $\lim\limits_{x\to +\infty}\left(\sin\sqrt{x+1}-\sin\sqrt{x}\right)$;

② $\lim\limits_{x\to 0}\dfrac{\sqrt{1+x\sin x}-\cos x}{x\sin x}$;

③ $\lim\limits_{x\to a}\sin\dfrac{x-a}{2}\tan\dfrac{\pi x}{2a}$　$(a\neq 0)$;

④ $\lim\limits_{x\to 0}\dfrac{\sin x-\tan x}{\left(\sqrt[3]{1+x^2}-1\right)\left(\sqrt{1+\sin x}-1\right)}$.

10. 求 $f(x)=\dfrac{1}{1-\mathrm{e}^{\frac{x}{1-x}}}$ 的连续区间及间断点，并判断间断点的类型.

11. 试确定 a,b 的值，使 $f(x)=\dfrac{\mathrm{e}^x-b}{(x-a)(x-1)}$ 有无穷间断点 $x=0$，有第一类可去间断点 $x=1$.

第 3 章 导数与微分

导数与微分是微分学的两个基本概念，导数反映了函数关于自变量的变化率，而微分描述了当自变量有微小变化时，函数相应发生的微小变化. 本章主要介绍导数的概念、基本的求导公式、求导运算法则以及与导数密切相关的微分概念.

3.1 导数的概念

3.1.1 几个引例

1. 平面曲线的切线的斜率

设曲线 $y = f(x)$ 的图像如图 3-1 所示，现在我们求过曲线上一点 $P(x_0, f(x_0))$ 的切线斜率.

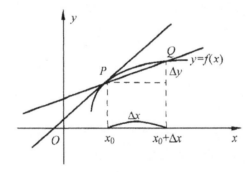

图 3-1

在曲线上任意取一点 Q，设它的坐标为 $(x_0 + \Delta x, f(x_0 + \Delta x))$，其中 $\Delta x \neq 0$，$\Delta y = f(x_0 + \Delta x) - f(x_0)$，则过曲线 $y = f(x)$ 上两点 $P(x_0, f(x_0))$ 和 $Q(x_0 + \Delta x, f(x_0 + \Delta x))$ 的割线的斜率为

$$k_{PQ} = \frac{\Delta y}{\Delta x} = \frac{f(x_0 + \Delta x) - f(x_0)}{\Delta x}$$

当点 Q 在曲线上移动时，割线 PQ 的位置发生变化，Δx 和 k_{PQ} 也随之发生变化，当 $|\Delta x|$ 较小时，k_{PQ} 应该是曲线上过点 P 的切线斜率 k 的近似值，$|\Delta x|$ 越小，近似程度越好. 当 Δx 无限趋近于零，即点 Q 沿曲线无限趋近于

点 P 时，割线 PQ 的极限位置就是曲线过点 P 的切线，即曲线上过点 P 的切线的斜率(如果存在)为

$$k = \lim_{\Delta x \to 0} \frac{\Delta y}{\Delta x} = \lim_{\Delta x \to 0} \frac{f(x_0 + \Delta x) - f(x_0)}{\Delta x}$$

过点 P 的切线方程为

$$y - f(x_0) = k(x - x_0)$$

2. 做变速直线运动的物体的瞬时速度

设物体做直线运动，设路程 s 与时间 t 的函数关系式为 $s = f(t)$．如果物体做匀速直线运动，那么物体的速度 $= \dfrac{\text{路程}}{\text{时间}}$；如果物体不是做匀速运动，那么在不同的运动时间间隔内，$\dfrac{\text{路程}}{\text{时间}}$ 有不同的值，这时比值 $\dfrac{\text{路程}}{\text{时间}}$ 就不能视为物体在某一时刻的瞬时速度．下面讨论如何求物体在某一时刻 t_0 的瞬时速度．

考虑从时刻 t_0 到 $t_0 + \Delta t$ 这样一个时间间隔，相应的路程 s 的改变量为 Δs，即

$$\Delta s = f(t_0 + \Delta t) - f(t_0)$$

于是 $s = f(t)$ 在时间区间 $[t_0, t_0 + \Delta t]$ 上的平均速度为

$$\bar{v}(t) = \frac{\Delta s}{\Delta t} = \frac{f(t_0 + \Delta t) - f(t_0)}{\Delta t}$$

当 $\Delta t \to 0$ 时，平均速度 $\bar{v}(t)$ 的极限值就是物体在时刻 t_0 的瞬时速度 $v(t_0)$，即

$$v(t_0) = \lim_{\Delta t \to 0} \frac{\Delta s}{\Delta t} = \lim_{\Delta t \to 0} \frac{f(t_0 + \Delta t) - f(t_0)}{\Delta t}$$

3. 产品总成本的变化率

设某产品的总成本 C 是产量 q 的函数，即 $C = f(q)$．当产量由 q_0 变到 $q_0 + \Delta q$ 时，总成本相应的改变量为

$$\Delta C = f(q_0 + \Delta q) - f(q_0)$$

于是，当产量由 q_0 变到 $q_0 + \Delta q$ 时，总成本的平均变化率为

$$\frac{\Delta C}{\Delta q} = \frac{f(q_0 + \Delta q) - f(q_0)}{\Delta q}$$

当 $\Delta q \to 0$ 时，如果极限

$$\lim_{\Delta q \to 0} \frac{\Delta C}{\Delta q} = \lim_{\Delta q \to 0} \frac{f(q_0 + \Delta q) - f(q_0)}{\Delta q}$$

存在，则称此极限是产量为 q_0 时总成本的变化率．

以上三个例子虽然反映的具体问题不同，分别属于几何问题、力学问题和经济问题，但它们的数学模式是一样的，都归结为如下的极限：

$$\lim_{\Delta x \to 0} \frac{f(x_0 + \Delta x) - f(x_0)}{\Delta x}$$

在各种科学技术领域中，有很多类似的例子，例如求化学反应的速度、质量分布不均匀细棒的密度、人口增长率、能源消耗率、电流强度、角速度等，在数学上都可归结为求这种极限的形式.撇开这些问题的具体意义，抓住它们在数量关系上的共性，即可得出函数的导数概念.

3.1.2　导数的定义

定义　设函数 $y = f(x)$ 在点 x_0 的某邻域内有定义，当自变量 x 从 x_0 改变到 $x_0 + \Delta x$（点 $x_0 + \Delta x$ 仍在该邻域内）时，函数 $y = f(x)$ 取得相应的改变量 $\Delta y = f(x_0 + \Delta x) - f(x_0)$；当 $\Delta x \to 0$ 时，如果比值 $\frac{\Delta y}{\Delta x}$ 的极限存在，即

$$\lim_{\Delta x \to 0} \frac{\Delta y}{\Delta x} = \lim_{\Delta x \to 0} \frac{f(x_0 + \Delta x) - f(x_0)}{\Delta x}$$

存在，称此极限值为函数 $y = f(x)$ 在点 x_0 处的导数，记为 $f'(x_0)$，即

$$f'(x_0) = \lim_{\Delta x \to 0} \frac{f(x_0 + \Delta x) - f(x_0)}{\Delta x}$$

此时，也称函数 $y = f(x)$ 在点 x_0 处可导，$y = f(x)$ 在点 x_0 处的导数也可记作 $y'\big|_{x=x_0}$，$\frac{\mathrm{d}y}{\mathrm{d}x}\big|_{x=x_0}$ 或 $\frac{\mathrm{d}f(x)}{\mathrm{d}x}\big|_{x=x_0}$.

上述导数的定义式也可用不同的形式表示，常见的有：

$$f'(x_0) = \lim_{h \to 0} \frac{f(x_0 + h) - f(x_0)}{h}$$

$$f'(x_0) = \lim_{x \to x_0} \frac{f(x) - f(x_0)}{x - x_0}$$

若 $\lim_{\Delta x \to 0} \frac{f(x_0 + \Delta x) - f(x_0)}{\Delta x}$ 极限不存在，则称函数 $y = f(x)$ 在点 x_0 处不可导.特别地，如果 $\lim_{\Delta x \to 0} \frac{f(x_0 + \Delta x) - f(x_0)}{\Delta x}$ 为无穷大，为方便起见，也往往说函数 $y = f(x)$ 在点 x_0 处的导数为无穷大，可记为 $f'(x_0) = \infty$.

【例 1】求函数 $y = x^2$ 在 $x = 2$ 处的导数.

【解】求函数的增量：

$$\Delta y = f(x_0 + \Delta x) - f(x_0) = (2 + \Delta x)^2 - 2^2 = 4\Delta x + (\Delta x)^2$$

计算比值：

$$\frac{\Delta y}{\Delta x} = \frac{4\Delta x + (\Delta x)^2}{\Delta x} = 4 + \Delta x$$

取极限：

$$f'(2) = \lim_{\Delta x \to 0} \frac{\Delta y}{\Delta x} = \lim_{\Delta x \to 0}(4 + \Delta x) = 4$$

由导数的定义可知，上面介绍的前两个引例可叙述如下：

① 曲线 $y = f(x)$ 在点 $P(x_0, y_0)$ 处切线的斜率 k（如果存在）是函数 $y = f(x)$ 在点 x_0 处的导数，即 $k = f'(x_0)$.

② 做变速直线运动的物体在时刻 t_0 的瞬时速度 $v(t_0)$ 是路程函数 $s = f(t)$ 在点 t_0 处的导数，即 $v(t_0) = f'(t_0)$.

导数概念是函数变化率这一概念的精确描述，它撇开了自变量和因变量所代表的几何或物理等方面的特殊意义，纯粹从数量上刻画函数变化率的本质：函数增量与自变量增量的比值 $\dfrac{\Delta y}{\Delta x}$ 是函数 y 在以 x_0 和 $x_0 + \Delta x$ 为端点的区间上的平均变化率，而导数 $y'\big|_{x=x_0}$ 则是函数 y 在点 x_0 处的变化率，它反映了函数随自变量变化而变化的快慢程度.

定义 若函数 $y = f(x)$ 在区间 (a, b) 内的每一点处都可导．则称函数 $f(x)$ 在区间 (a, b) 内可导，这时对于任意的一个 $x \in (a, b)$，函数 $f(x)$ 都对应着一个确定的导数值，这样就构成了一个新的函数，称此函数为 $y = f(x)$ 的导函数，简称为导数，记作 $y = f'(x)$，即

$$f'(x) = \lim_{\Delta x \to 0} \frac{f(x + \Delta x) - f(x)}{\Delta x} \quad (\text{或 } f'(x) = \lim_{h \to 0} \frac{f(x + h) - f(x)}{h})$$

也可记作 y'，$\dfrac{\mathrm{d}y}{\mathrm{d}x}$，$\dfrac{\mathrm{d}f(x)}{\mathrm{d}x}$，函数 $f'(x) = \lim\limits_{\Delta x \to 0} \dfrac{f(x + \Delta x) - f(x)}{\Delta x}$ 在点 x_0 处的导数 $f'(x_0)$ 就是导函数 $f'(x)$ 在点 x_0 处的值，即

$$f'(x_0) = f'(x)\big|_{x=x_0}$$

3.1.3 简单函数求导举例

【例2】 求函数 $f(x) = C$（C 为常数）的导数.

【解】 $f'(x) = \lim\limits_{\Delta x \to 0} \dfrac{f(x_0 + \Delta x) - f(x_0)}{\Delta x} = \lim\limits_{\Delta x \to 0} \dfrac{C - C}{\Delta x} = 0$，

即 $(C)' = 0$.

这就是说，常数的导数等于零.

【例3】 求幂函数 $f(x) = x^\mu$（μ 是任意的实数）的导数.

【解】 当 $\mu = n$，即 μ 是正整数时，

$$f'(x) = \lim_{\Delta x \to 0} \frac{\Delta y}{\Delta x} = \lim_{\Delta x \to 0} \frac{(x + \Delta x)^n - x^n}{\Delta x}$$

利用二项式定理将 $(x + \Delta x)^n$ 展开得

$$\left(x+\Delta x\right)^n = x^n + nx^{n-1}\Delta x + \frac{n\left(n-1\right)}{2}x^{n-2}\left(\Delta x\right)^2 + \cdots + \left(\Delta x\right)^n$$

代入上式，于是得

$$f'(x) = \lim_{\Delta x \to 0}\left[nx^{n-1} + \frac{n\left(n-1\right)}{2!}x^{n-2}\Delta x + \cdots + \left(\Delta x\right)^{n-1}\right] = nx^{n-1}$$

即　　　　$\left(x^n\right)' = nx^{n-1}$.

事实上，对任意的实数 μ，都有

$$\left(x^\mu\right)' = \mu x^{\mu-1}$$

成立. 这是幂函数的导数公式，利用这个公式，可以很方便地求出幂函数的导数，例如：

当 $\mu = \dfrac{1}{2}$ 时，$y = x^{\frac{1}{2}} = \sqrt{x}$（$x > 0$）的导数为

$$\left(x^{\frac{1}{2}}\right)' = \frac{1}{2}x^{\frac{1}{2}-1} = \frac{1}{2}x^{-\frac{1}{2}}$$

即　　　$\left(\sqrt{x}\right)' = \dfrac{1}{2\sqrt{x}}$.

当 $\mu = -1$ 时，$y = x^{-1} = \dfrac{1}{x}$（$x \neq 0$）导数为

$$\left(x^{-1}\right)' = \left(-1\right)x^{-1-1} = -x^{-2}$$

即　　　$\left(\dfrac{1}{x}\right)' = -\dfrac{1}{x^2}$.

【例 4】求对数函数 $f(x) = \log_a x$（$a > 0$，$a \neq 1$）的导数.

【解】
$$f'(x) = \lim_{\Delta x \to 0}\frac{\Delta y}{\Delta x} = \lim_{\Delta x \to 0}\frac{\log_a\left(x + \Delta x\right) - \log_a x}{\Delta x}$$

$$= \lim_{\Delta x \to 0}\frac{\log_a\left(1 + \dfrac{\Delta x}{x}\right)}{\Delta x} = \lim_{\Delta x \to 0}\left[\frac{1}{x}\log_a\left(1 + \frac{\Delta x}{x}\right)^{\frac{x}{\Delta x}}\right]$$

$$= \frac{1}{x}\log_a \mathrm{e} = \frac{1}{x\ln a}.$$

即　　　$\left(\log_a x\right)' = \dfrac{1}{x\ln a}$.

这就是对数函数的导数公式，特别地，当 $a = \mathrm{e}$ 时，由上式得自然对数函数的导数公式：$\left(\ln x\right)' = \dfrac{1}{x}$.

【例 5】求指数函数 $f(x) = a^x$（$a > 0$，$a \neq 1$）的导数.

【解】$f'(x) = \lim\limits_{\Delta x \to 0}\dfrac{f\left(x_0 + \Delta x\right) - f\left(x_0\right)}{\Delta x} = \lim\limits_{\Delta x \to 0}\dfrac{a^{x+\Delta x} - a^x}{\Delta x} = = a^x\lim\limits_{\Delta x \to 0}\dfrac{a^{\Delta x} - 1}{\Delta x}$.

设 $\beta = a^{\Delta x}-1$，则 $\Delta x = \log_a(1+\beta)$，当 $\Delta x \to 0$ 时，$\beta \to 0$.

$$\lim_{\Delta x \to 0}\frac{a^{\Delta x}-1}{\Delta x}=\lim_{\beta \to 0}\frac{\beta}{\log_a(1+\beta)}=\lim_{\beta \to 0}\frac{1}{\dfrac{\log_a(1+\beta)}{\beta}}$$

$$=\lim_{\beta \to 0}\frac{1}{\log_a(1+\beta)^{\frac{1}{\beta}}}=\frac{1}{\log_a e}=\ln a$$

即 $f'(x)=a^x \ln a$.

这就是指数函数的导数公式，特别地，当 $a=e$ 时，因为 $\ln e=1$，所以有

$$(e^x)'=e^x$$

上式表明，以 e 为底的指数函数的导数等于它本身，这是以 e 为底的指数函数的一个重要特性.

【例 6】求 $f(x)=\sin x$ 的导数.

【解】$f'(x)=\lim_{\Delta x \to 0}\dfrac{\Delta y}{\Delta x}=\lim_{\Delta x \to 0}\dfrac{\sin(x+\Delta x)-\sin x}{\Delta x}$

$$=\lim_{\Delta x \to 0}\frac{2\cos\left(x+\dfrac{\Delta x}{2}\right)\sin\dfrac{\Delta x}{2}}{\Delta x}=\lim_{\Delta x \to 0}\cos\left(x+\frac{\Delta x}{2}\right)\cdot\lim_{\Delta x \to 0}\frac{\sin\dfrac{\Delta x}{2}}{\dfrac{\Delta x}{2}}$$

$$=\cos x.$$

即 $(\sin x)'=\cos x$.

这就是说，正弦函数的导数是余弦函数.

用类似的方法，可求得

$$(\cos x)'=-\sin x$$

即余弦函数的导数是负的正弦函数.

【例 7】求过曲线 $y=\cos x$ 上的点 $\left(\dfrac{\pi}{3},\dfrac{1}{2}\right)$ 的切线方程.

【解】$y=\cos x$ 在点 $\left(\dfrac{\pi}{3},\dfrac{1}{2}\right)$ 处切线的斜率为

$$y'\big|_{x=\frac{\pi}{3}}=-\sin x\big|_{x=\frac{\pi}{3}}=-\sin\frac{\pi}{3}=-\frac{\sqrt{3}}{2}$$

故在点 $\left(\dfrac{\pi}{3},\dfrac{1}{2}\right)$ 处，曲线 $y=\cos x$ 的切线方程为

$$y-\frac{1}{2}=-\frac{\sqrt{3}}{2}\left(x-\frac{\pi}{3}\right)$$

3.1.4　函数可导与连续的关系

定理　若函数 $y = f(x)$ 在点 x_0 处可导，则函数 $y = f(x)$ 在点 x_0 处连续.

证明　由于 $y = f(x)$ 在点 x_0 处可导，即有

$$\lim_{\Delta x \to 0} \frac{\Delta y}{\Delta x} = \lim_{\Delta x \to 0} \frac{f(x_0 + \Delta x) - f(x_0)}{\Delta x} = f'(x_0)$$

于是

$$\lim_{\Delta x \to 0} \Delta y = \lim_{\Delta x \to 0} \left(\frac{\Delta y}{\Delta x} \cdot \Delta x \right) = \lim_{\Delta x \to 0} \frac{\Delta y}{\Delta x} \cdot \lim_{\Delta x \to 0} \Delta x = f'(x) \cdot 0 = 0$$

所以，函数 $y = f(x)$ 在点 x_0 处连续.

这个定理的逆命题不成立，即如果函数在点 x_0 处连续，则它在点 x_0 处不一定可导，例如，$y = |x|$ 在点 $x = 0$ 处连续，但在该点不可导.

由此可知，"函数在点 x_0 处连续"是"函数在点 x_0 处可导"的必要条件.

推论　如果函数 $y = f(x)$ 在点 x_0 处不连续，则 $y = f(x)$ 在点 x_0 处一定不可导.

【例 8】 讨论 $f(x) = \begin{cases} x \sin \dfrac{1}{x}, & x \neq 0 \\ 0, & x = 0 \end{cases}$ 在点 $x = 0$ 处的连续性与可导性.

【解】 因为 $\lim\limits_{x \to 0} f(x) = \lim\limits_{x \to 0} \left(x \sin \dfrac{1}{x} \right) = 0 = f(0)$，所以函数在点 $x = 0$ 处连续.

又 $\lim\limits_{x \to 0} \dfrac{f(x) - f(0)}{x} = \lim\limits_{x \to 0} \dfrac{x \sin \dfrac{1}{x} - 0}{x} = \lim\limits_{x \to 0} \sin \dfrac{1}{x}$ 不存在，因此 $f'(0)$ 不存在，所以函数 $f(x)$ 在点 $x = 0$ 处不可导.

3.1.5　单侧导数

求函数 $y = f(x)$ 在点 x_0 处的导数时，x 可以从点 x_0 的左右两侧趋近于 x_0，因此很自然地有以下左右导数的定义.

定义　如果极限 $\lim\limits_{\Delta x \to 0^-} \dfrac{f(x_0 + \Delta x) - f(x_0)}{\Delta x}$ 存在，则称此极限值为 $f(x)$ 在点 x_0 处的左导数，记作 $f'_-(x_0)$，即

$$f'_-(x_0) = \lim_{\Delta x \to 0^-} \frac{f(x_0 + \Delta x) - f(x_0)}{\Delta x}$$

如果极限 $\lim\limits_{\Delta x \to 0^+} \dfrac{f(x_0 + \Delta x) - f(x_0)}{\Delta x}$ 存在，则称此极限值为 $f(x)$ 在点 x_0 处的右导数，记作 $f'_+(x_0)$，即

$$f_+'(x_0) = \lim_{\Delta x \to 0^+} \frac{f(x_0 + \Delta x) - f(x_0)}{\Delta x}$$

函数 $f(x)$ 在点 x_0 处的左、右导数也可以表示为

$$f_-'(x_0) = \lim_{x \to x_0^-} \frac{f(x) - f(x_0)}{x - x_0}$$

$$f_+'(x_0) = \lim_{x \to x_0^+} \frac{f(x) - f(x_0)}{x - x_0}$$

函数在某一点处的左右导数与函数在该点处的导数间有如下关系.

定理 函数 $f(x)$ 在点 x_0 处可导的充要条件是 $f(x)$ 在点 x_0 处的左右导数都存在且相等，即 $f'(x_0) = A$ 的充要条件是 $f_-'(x_0) = f_+'(x_0) = A$.

如果函数 $f(x)$ 在开区间 (a,b) 内可导，且 $f_+'(a)$ 与 $f_-'(b)$ 存在，则称 $f(x)$ 在闭区间 $[a,b]$ 上可导.

【例 9】 判断函数 $f(x) = |x|$ 在点 $x=0$ 处是否可导.

【解】 $\lim\limits_{\Delta x \to 0} \dfrac{f(0 + \Delta x) - f(0)}{\Delta x} = \lim\limits_{\Delta x \to 0} \dfrac{|\Delta x| - 0}{\Delta x} = \lim\limits_{\Delta x \to 0} \dfrac{|\Delta x|}{\Delta x}$.

当 $\Delta x < 0$ 时，$\dfrac{|\Delta x|}{\Delta x} = -1$，故 $f_-'(0) = \lim\limits_{\Delta x \to 0^-} \dfrac{|\Delta x|}{\Delta x} = -1$;

当 $\Delta x > 0$ 时，$\dfrac{|\Delta x|}{\Delta x} = 1$，故 $f_+'(0) = \lim\limits_{\Delta x \to 0^+} \dfrac{|\Delta x|}{\Delta x} = 1$.

由于 $f_+'(0) \neq f_-'(0)$，所以，函数 $f(x) = |x|$ 在点 $x=0$ 处不可导.

【例 10】 设 $f(x) = \begin{cases} x^2, & x < 0 \\ 0, & x \geqslant 0 \end{cases}$，讨论 $f(x)$ 在点 $x=0$ 处的连续性和可导性.

【解】 因为 $\lim\limits_{x \to 0^-} f(x) = \lim\limits_{x \to 0^-} x^2 = 0 = f(0) = \lim\limits_{x \to 0^+} f(x)$，所以函数在点 $x = 0$ 处连续.

$$f_-'(0) = \lim_{x \to 0^-} \frac{f(x) - f(0)}{x - 0} = \lim_{x \to 0^-} \frac{x^2}{x} = \lim_{x \to 0^-} x = 0,$$

$$f_+'(0) = \lim_{x \to 0^+} \frac{f(x) - f(0)}{x - 0} = \lim_{x \to 0^+} \frac{0}{x} = 0.$$

因为 $f_-'(0) = f_+'(0)$，所以 $f(x)$ 在点 $x=0$ 处可导.

从上面几个例子可以看出，对于分段函数在分段点 x_0 处的导数，可以按导数的定义先求 $f_-'(x_0)$ 与 $f_+'(x_0)$，然后判断 $f'(x_0)$ 是否存在.

练习 3.1

1. 从定义出发，求函数 $y = 10x^2$ 在 $x = -1$ 处的导数.

2. 设 $f'(x_0) = A$，求 $\lim \dfrac{f(x_0 + \alpha\Delta x) - f(x_0 - \beta\Delta x)}{\Delta x}$（$\alpha$，$\beta$ 为常数，且均不为 0）.

3. 求下列函数的导数.

① $y = \dfrac{1}{\sqrt{x}}$；　　　　② $y = \sqrt{x\sqrt{x}}$；　　　　③ $y = x^3\sqrt{x}$.

4. 求曲线 $y = \mathrm{e}^x$ 在点 $(0, 1)$ 处的切线方程.

5. 讨论函数 $f(x) = \begin{cases} x^2 \sin\dfrac{1}{x}, & x \neq 0 \\ 0, & x = 0 \end{cases}$ 在点 $x = 0$ 处的连续性与可导性.

6. 已知 $f(x) = \begin{cases} \sin x, & x < 0 \\ x, & x \geq 0 \end{cases}$，求 $f'(x)$.

7. 设函数 $f(x) = \begin{cases} x^2, & x \leq 1 \\ ax + b, & x > 1 \end{cases}$，问 a，b 取何值时，$f(x)$ 在 $x = 1$ 处连续且可导.

3.2 求导运算法则与基本求导公式

求一个函数的导数也简称为对该函数求导. 在 3.1 节中利用导数的定义, 求出了一些简单函数的导数, 但如果对每一个函数都直接用定义去求它的导数则相当困难和复杂, 通过求导运算法则与一些基本的求导公式, 可以简化求函数导数的计算.

3.2.1 函数求导四则运算法则

定理　如果函数 $u = u(x)$ 及 $v = v(x)$ 都在点 x 处可导，那么它们的和、差、积、商（除分母为零的点外）都在点 x 处也可导，且有：

① $\left[u(x) \pm v(x) \right]' = u'(x) \pm v'(x)$；

② $\left[u(x)v(x) \right]' = u'(x)v(x) + u(x)v'(x)$；

③ $\left[\dfrac{u(x)}{v(x)} \right]' = \dfrac{u'(x)v(x) - u(x)v'(x)}{v^2(x)}$.

这里仅证明 (2).

$$\left[u(x)v(x)\right]' = \lim_{\Delta x \to 0} \frac{u(x+\Delta x)v(x+\Delta x) - u(x)v(x)}{\Delta x}$$

$$= \lim_{\Delta x \to 0} \frac{u(x+\Delta x)v(x+\Delta x) - u(x)v(x+\Delta x) + u(x)v(x+\Delta x) - u(x)v(x)}{\Delta x}$$

$$= \lim_{\Delta x \to 0} \left[\frac{u(x+\Delta x) - u(x)}{\Delta x} \cdot v(x+\Delta x) + u(x) \cdot \frac{v(x+\Delta x) - v(x)}{\Delta x}\right]$$

$$= \lim_{\Delta x \to 0} \frac{u(x+\Delta x) - u(x)}{\Delta x} \cdot \lim_{\Delta x \to 0} v(x+\Delta x) + u(x) \cdot \lim_{\Delta x \to 0} \frac{v(x+\Delta x) - v(x)}{\Delta x}$$

$$= u'(x)v(x) + u(x)v'(x)$$

其中 $\lim\limits_{\Delta x \to 0} v(x+\Delta x) = v(x)$ 是由于 $v'(x)$ 存在，因此 $v(x)$ 在点 x 连续.

法则①和法则②可推广到任意有限个可导函数的情形. 例如，设 $u(x)$，$v(x)$，$w(x)$（分别简记为 u，v，w）均可导，则有

$$(u+v-w)' = u'+v'-w'$$

$$(uvw)' = u'vw + uv'w + uvw'$$

在法则②中，当 $v(x) = C$（C 为常数）时，有

$$(Cu)' = Cu'$$

在法则③中，当 $u(x) = 1$ 时，有

$$\left[\frac{1}{v(x)}\right]' = -\frac{v'(x)}{v^2(x)}$$

【例 11】① 设 $y = \sin x + 2^x - \ln x + 3$，求 y'；

② 设 $y = x^3 + 4\cos x - \ln\dfrac{\pi}{2}$，求 y'；

③ 设 $y = \sin x \ln x + \dfrac{e^x}{x}$，求 y'.

【解】① $y' = (\sin x)' + (2^x)' - (\ln x)' + (3)' = \cos x + 2^x \ln 2 - \dfrac{1}{x} + 0$

$$= \cos x + 2^x \ln 2 - \frac{1}{x}.$$

② $y' = \left(x^3 + 4\cos x - \ln\dfrac{\pi}{2}\right)' = 3x^2 - 4\sin x$.

③ $y' = (\sin x \ln x)' + \left(\dfrac{e^x}{x}\right)' = \cos x \ln x + \dfrac{\sin x}{x} + \dfrac{xe^x - e^x}{x^2}$.

【例 12】① 求正切函数 $y = \tan x$ 的导数；

② 求正割函数 $y = \sec x$ 的导数.

【解】① $(\tan x)' = \left(\dfrac{\sin x}{\cos x}\right)' = \dfrac{(\sin x)'\cos x - \sin x(\cos x)'}{(\cos x)^2}$

$$= \frac{\cos x \cos x - \sin x (-\sin x)}{\cos^2 x} = \frac{1}{\cos^2 x} = \sec^2 x \,.$$

② $\left(\sec x\right)' = \left(\dfrac{1}{\cos x}\right)' = -\dfrac{\left(\cos x\right)'}{\cos^2 x} = -\dfrac{-\sin x}{\cos^2 x} = \sec x \tan x \,.$

类似地可求得 $\left(\cot x\right)' = -\dfrac{1}{\sin^2 x} = -\csc^2 x$；$\left(\csc x\right)' = -\csc x \cot x \,.$

3.2.2 反函数求导法则

定理　设函数 $x = \varphi(y)$ 在某一区间 I 内单调、可导，且 $\varphi'(y) \neq 0$，它的反函数为 $y = f(x)$，则 $y = f(x)$ 在对应的区间 $\{x \mid x = \varphi(y),\ y \in I\}$ 内也单调可导，且有

$$f'(x) = \frac{1}{\varphi'(y)}$$

证明　由于 $x = \varphi(y)$ 在某一区间内单调，可知它的反函数 $y = f(x)$ 在其对应区间内也单调，于是当 $\Delta x \neq 0$ 时，$\Delta y = f(x + \Delta x) - f(x) \neq 0$，因此

$$\frac{\Delta y}{\Delta x} = \frac{1}{\dfrac{\Delta x}{\Delta y}}$$

又由于 $x = \varphi(y)$ 在某一区间内可导，显然它也连续，于是其反函数 $y = f(x)$ 在对应区间内也连续，即当 $\Delta x \to 0$ 时，有 $\Delta y \to 0$，又由于 $\varphi'(y) \neq 0$，从而有

$$f'(x) = \lim_{\Delta x \to 0} \frac{\Delta y}{\Delta x} = \lim_{\Delta y \to 0} \frac{1}{\dfrac{\Delta x}{\Delta y}} = \frac{1}{\lim\limits_{\Delta y \to 0} \dfrac{\Delta x}{\Delta y}} = \frac{1}{\varphi'(y)}$$

即　$f'(x) = \dfrac{1}{\varphi'(y)} \,.$

以上定理用简单的方式表述就是：反函数的导数等于直接函数导数的倒数.

【例 13】求反正弦函数 $y = \arcsin x$ 的导数.

【解】设 $x = \sin y$ 为直接函数，则 $y = \arcsin x$ 是它的反函数，由于 $x = \sin y$ 在 $\left(-\dfrac{\pi}{2}, \dfrac{\pi}{2}\right)$ 内单调、可导，且 $\left(\sin y\right)' = \cos y \neq 0$，因此 $y = \arcsin x$ 在 $(-1, 1)$ 内单调可导，且有

$$\left(\arcsin x\right)' = \frac{1}{\left(\sin y\right)'} = \frac{1}{\cos y} = \frac{1}{\sqrt{1 - \sin^2 y}} = \frac{1}{\sqrt{1 - x^2}}$$

即　$\left(\arcsin x\right)' = \dfrac{1}{\sqrt{1 - x^2}} \qquad x \in (-1, 1) \,.$

类似地，可得

$$(\arccos x)' = -\frac{1}{\sqrt{1-x^2}} \qquad x \in (-1,1)$$

$$(\arctan x)' = \frac{1}{1+x^2} \qquad x \in (-\infty, +\infty)$$

$$(\operatorname{arc\,cot} x)' = -\frac{1}{1+x^2} \qquad x \in (-\infty, +\infty)$$

3.2.3 复合函数求导法则

定理　设函数 $y = f(u)$ 与 $u = \varphi(x)$ 构成了复合函数 $y = f[\varphi(x)]$，若 $u = \varphi(x)$ 在点 x 处可导，$y = f(u)$ 在对应的点 u 处可导，则复合函数 $y = f[\varphi(x)]$ 在点 x 处也可导，且有

$$\{f[\varphi(x)]\}' = f'(u) \cdot \varphi'(x)$$

或记为

$$\frac{\mathrm{d}y}{\mathrm{d}x} = \frac{\mathrm{d}y}{\mathrm{d}u} \cdot \frac{\mathrm{d}u}{\mathrm{d}x}$$

证明　设 x 取得改变量 Δx，此时 u 取得相应的改变量 Δu，从而 y 取得相应改变量 Δy.

$u = \varphi(x)$ 在点 x 处可导必连续，故当 $\Delta x \to 0$ 必有 $\Delta u \to 0$，从而当 $\Delta u \neq 0$ 时，

$$\lim_{\Delta x \to 0} \frac{\Delta y}{\Delta x} = \lim_{\Delta x \to 0} \left(\frac{\Delta y}{\Delta u} \cdot \frac{\Delta u}{\Delta x} \right) = \lim_{\Delta u \to 0} \frac{\Delta y}{\Delta u} \cdot \lim_{\Delta x \to 0} \frac{\Delta u}{\Delta x} = f'(u) \cdot \varphi'(x)$$

即有 $\dfrac{\mathrm{d}y}{\mathrm{d}x} = f'(u) \cdot \varphi'(x)$.

当 $\Delta u = 0$ 时，可证上式仍成立(证明过程略).

复合函数的求导法则可以推广到任意有限个函数构成的复合函数，例如，设 $y = f(u)$，$u = \varphi(v)$，$v = \psi(x)$ 构成了复合函数，且这三个函数都可导，并满足上述定理中类似的条件，则 $y = f\{\varphi[\psi(x)]\}$ 也可导，且

$$\frac{\mathrm{d}y}{\mathrm{d}x} = \frac{\mathrm{d}y}{\mathrm{d}u} \cdot \frac{\mathrm{d}u}{\mathrm{d}v} \cdot \frac{\mathrm{d}v}{\mathrm{d}x} = f'(u) \cdot \varphi'(v) \cdot \psi'(x)$$

【例 14】① $y = \ln\sin x$，求 $\dfrac{\mathrm{d}y}{\mathrm{d}x}$；

② $y = \sin\dfrac{2x}{1+x^2}$，求 $\dfrac{\mathrm{d}y}{\mathrm{d}x}$；

③ 求幂函数 $y = x^\mu$ (μ 为任意的实数)的导数.

【解】① $y = \ln\sin x$ 可看成由 $y = \ln u, u = \sin x$ 复合而成，因此

$$\frac{\mathrm{d}y}{\mathrm{d}x} = \frac{\mathrm{d}y}{\mathrm{d}u} \cdot \frac{\mathrm{d}u}{\mathrm{d}x} = \frac{1}{u} \cdot \cos x = \frac{1}{\sin x} \cdot \cos x = \cot x$$

② $y = \sin\dfrac{2x}{1+x^2}$ 可看成由 $y = \sin u$，$u = \dfrac{2x}{1+x^2}$ 复合而成，因为

$$\frac{\mathrm{d}y}{\mathrm{d}u}=\cos u$$

$$\frac{\mathrm{d}u}{\mathrm{d}x}=\frac{2(1+x^2)-(2x)^2}{(1+x^2)^2}=\frac{2(1-x^2)}{(1+x^2)^2}$$

所以

$$\frac{\mathrm{d}y}{\mathrm{d}x}=\cos u\cdot\frac{2(1+x^2)-(2x)^2}{(1+x^2)^2}=\frac{2(1-x^2)}{(1+x^2)^2}\cos\frac{2x}{1+x^2}$$

③ $y=x^{\mu}=\mathrm{e}^{\mu\ln x}$ 可看成由 $y=\mathrm{e}^{u}$，$u=\mu\ln x$ 复合而成，于是

$$\frac{\mathrm{d}y}{\mathrm{d}x}=\frac{\mathrm{d}y}{\mathrm{d}u}\cdot\frac{\mathrm{d}u}{\mathrm{d}x}=\mathrm{e}^{u}\cdot\mu\cdot\frac{1}{x}=\mathrm{e}^{\mu\ln x}\cdot\mu\cdot\frac{1}{x}=x^{\mu}\cdot\mu\cdot\frac{1}{x}=\mu x^{\mu-1}$$

所以 $\left(x^{\mu}\right)'=\mu x^{\mu-1}$．

对复合函数求导，关键是弄清复合层次，即弄清谁是自变量，谁是中间变量，谁是因变量，然后从外到里逐层求导，不能遗漏，也不能重复．在求导过程中要弄清，当前是对哪个函数求导，这时的自变量是谁（不管是不是中间变量），在开始的时候，可以设出中间变量逐层求导，熟练后可以不写出中间变量，只需要在心中默记住当前的中间变量，直接写出导数即可．

【例 15】 ① 求函数 $y=\ln\cos\left(\mathrm{e}^{x}\right)$ 的导数；

② 已知 $f(x)$ 可导，求函数 $f\left(x^2\right)$ 的导数．

【解】 ① $y'=\left(\ln\cos\left(\mathrm{e}^{x}\right)\right)'=\frac{1}{\cos\left(\mathrm{e}^{x}\right)}\left[\cos\left(\mathrm{e}^{x}\right)\right]'$

$$=\frac{-\sin\left(\mathrm{e}^{x}\right)}{\cos\left(\mathrm{e}^{x}\right)}\mathrm{e}^{x}=-\mathrm{e}^{x}\tan\left(\mathrm{e}^{x}\right)．$$

② $y'=\left[f\left(x^2\right)\right]'=f'\left(x^2\right)\cdot\left(x^2\right)'=2xf'\left(x^2\right)．$

3.2.4　基本初等函数的求导公式

为了便于记忆和使用，下面列出基本初等函数的求导公式．

① $(C)'=0$ （C 为常数）；

② $(x^{\mu})'=\mu x^{\mu-1}$ （μ 是实数）；

③ $(a^x)'=a^x\ln a$，$(\mathrm{e}^x)'=\mathrm{e}^x$ （$a>0$，$a\neq1$）；

④ $(\log_a x)'=\frac{1}{x\ln a}$，$(\ln x)'=\frac{1}{x}$ （$a>0$，$a\neq1$）；

⑤ $(\sin x)'=\cos x$；

⑥ $(\cos x)'=-\sin x$；

⑦ $(\tan x)'=\sec^2 x=\frac{1}{\cos^2 x}$；

⑧　$(\cot x)' = -\csc^2 x = -\dfrac{1}{\sin^2 x}$;

⑨　$(\sec x)' = \sec x \cdot \tan x$;

⑩　$(\csc x)' = -\csc x \cdot \cot x$;

⑪　$(\arcsin x)' = \dfrac{1}{\sqrt{1-x^2}}$;

⑫　$(\arccos x)' = -\dfrac{1}{\sqrt{1-x^2}}$;

⑬　$(\arctan x)' = \dfrac{1}{1+x^2}$;

⑭　$(\text{arc}\cot x)' = -\dfrac{1}{1+x^2}$.

练习 3.2

1. 求下列函数的导数.

①　$y = x^3 + \dfrac{7}{x^4} - \dfrac{2}{x} + 12$;
②　$y = 5x^3 - 2^x + 3e^x$;

③　$y = 2\tan x + \sec x - 1$;
④　$y = \arctan e^x$;

⑤　$y = \ln\cos x$;
⑥　$y = \cos(4-3x)$;

⑦　$y = e^{x^2}\cos 2x$;
⑧　$y = (\arcsin x)^2$;

⑨　$y = \dfrac{e^x}{x^2}$;
⑩　$y = \ln\left(x + \sqrt{1+x^2}\right)$;

⑪　$y = x^2 \ln x \cos x$;
⑫　$y = x^{\sin x}$;

⑬　$y = \sin^n x \cos nx$;
⑭　$y = \ln\cos\dfrac{1}{x}$.

2. 设 $y = f(x)$ 可导，求下列函数的导数.

①　$y = f(e^{-x})$;
②　$y = f(\sin^2 x) + f(\cos^2 x)$.

3. 若函数 $y = f\left(\dfrac{x+1}{x-1}\right)$ 满足 $f'(x) = \arctan\sqrt{x}$, 求 $\dfrac{\mathrm{d}y}{\mathrm{d}x}\bigg|_{x=2}$.

3.3　高阶导数

定义　如果函数 $f(x)$ 的导数 $f'(x)$ 在点 x 处可导，即

$$\left[f'(x)\right]' = \lim_{\Delta x \to 0} \frac{f'(x+\Delta x) - f'(x)}{\Delta x}$$

存在，则称 $\left[f'(x)\right]'$ 为函数 $f(x)$ 在点 x 处的**二阶导数**，记为

$$f''(x), \quad y'', \quad \frac{\mathrm{d}^2 y}{\mathrm{d}x^2} \text{ 或 } \frac{\mathrm{d}^2 f(x)}{\mathrm{d}x^2}$$

类似地，二阶导数的导数称为三阶导数，记为

$$f'''(x)，\quad y'''，\quad \frac{d^3 y}{dx^3} \text{ 或 } \frac{d^3 f(x)}{dx^3}$$

一般地，$f(x)$ 的 $n-1$ 阶导数的导数称为 $f(x)$ 的 n 阶导数，记为

$$f^{(n)}(x)，\quad y^{(n)}，\quad \frac{d^n y}{dx^n} \text{ 或 } \frac{d^n f(x)}{dx^n}$$

注意　二阶和二阶以上的导数统称为高阶导数，相应地，$f(x)$ 称为零阶导数，$f'(x)$ 称为一阶导数.

【例 16】 ① 设 $y = ax^2 + bx + c$，求 y''；

② 验证函数 $y = \sqrt{2x - x^2}$ 满足关系式 $y^3 y'' + 1 = 0$；

③ 设 $y = (1 + x^2)\arctan x$，求 $y''\big|_{x=1}$.

【解】 ① $y' = 2ax + b$，$y'' = 2a$.

② $y' = \dfrac{2 - 2x}{2\sqrt{2x - x^2}} = \dfrac{1 - x}{\sqrt{2x - x^2}}$，

$$y'' = \frac{-\sqrt{2x - x^2} - (1 - x)\dfrac{2 - 2x}{2\sqrt{2x - x^2}}}{2x - x^2} = \frac{1}{\left(2x - x^2\right)^{\frac{3}{2}}} = -\frac{1}{y^3}.$$

所以　　$y^3 y'' + 1 = 0$.

③ $y' = \left[(1 + x^2)\arctan x\right]' = 2x\arctan x + 1$，

$$y'' = \left(2x\arctan x + 1\right)' = 2\arctan x + \frac{2x}{1 + x^2}，$$

所以　　$y''\big|_{x=1} = \left(2\arctan x + \dfrac{2x}{1 + x^2}\right)\bigg|_{x=1} = 2\arctan 1 + \dfrac{2 \times 1}{1 + 1^2} = \dfrac{\pi}{2} + 1$.

【例 17】 ① 求 n 次多项式 $y = a_0 x^n + a_1 x^{n-1} + \cdots + a_{n-1} x + a_n$ 的各阶导数；

② 设 $y = \ln(1 + x)$，求 $y^{(n)}$.

【解】 ① $y' = a_0 n x^{n-1} + a_1 (n-1) x^{n-2} + \cdots + a_{n-1}$，是 $n-1$ 次多项式，

$y'' = a_0 n(n-1) x^{n-2} + a_1 (n-1)(n-2) x^{n-3} + \cdots + a_{n-2}$，是 $n-2$ 次多项式，

以此类推，易知 n 阶导数 $y^{(n)} = a_0 n!$ 是一个常数. 于是

$$y^{(n+1)} = y^{(n+2)} = \cdots = 0$$

即一个 n 次多项式的一切高于 n 阶的导数都是零.

② $y' = \dfrac{1}{1 + x} = (1 + x)^{-1}$，

$y'' = (-1)(1 + x)^{-2}$，

$y''' = (-1)(-2)(1 + x)^{-3}$，

......

$$y^{(n)} = (-1)^{n-1} \frac{(n-1)!}{(1+x)^n}.$$

【例 18】求 $y = \sin x$ 的 n 阶导数.

【解】 $y' = \cos x = \sin\left(\dfrac{\pi}{2} + x\right),$

$y'' = -\sin x = \sin\left(2 \cdot \dfrac{\pi}{2} + x\right),$

$y''' = -\cos x = \sin\left(3 \cdot \dfrac{\pi}{2} + x\right),$

……

$y^{(n)} = \sin\left(n \cdot \dfrac{\pi}{2} + x\right).$

同理可得，$(\cos x)^{(n)} = \cos\left(n \cdot \dfrac{\pi}{2} + x\right).$

求函数的 n 阶导数时，一般总是逐阶求导，再从中找出规律.

若 $u(x)$ 与 $v(x)$ 都有 n 阶导数，求 $\left[u(x) \cdot v(x)\right]^{(n)}$ 时，运用下述公式可简化运算.

$$(u \cdot v)^{(n)} = u^{(n)} v + c_n^1 u^{(n-1)} v' + c_n^2 u^{(n-2)} v'' + \cdots + c_n^k u^{(n-k)} v^{(k)} + \cdots + u v^{(n)}$$

这个公式称为莱布尼兹公式，用数学归纳法不难证得.

【例 19】设 $y = x^3 e^{2x}$，求 $y^{(30)}$.

【解】令 $u(x) = e^{2x}$，$v(x) = x^3$，

于是有　　$u'(x) = 2e^{2x}$，$v'(x) = 3x^2$，

$u''(x) = 2^2 e^{2x}$，$v''(x) = 6x$，

$u'''(x) = 2^3 e^{2x}$，$v'''(x) = 6$，

……

$u^{(30)}(x) = 2^{30} e^{2x}$，$v^{(30)}(x) = 0$.

由于 $v^{(4)} = v^{(5)} = \cdots = 0$，据莱布尼兹公式，有

$y^{(30)} = u^{(30)} \cdot v + c_{30}^1 u^{(29)} v' + c_{30}^2 u^{(28)} v'' + c_{30}^3 u^{(27)} v'''$

$\quad = 2^{30} e^{2x} x^3 + 30 \cdot 2^{29} e^{2x} 3x^2 + 435 \cdot 2^{28} e^{2x} \cdot 6x + 4060 \cdot 2^{27} e^{2x} \cdot 6$

$\quad = 2^{29} e^{2x} \left(2x^3 + 90x^2 + 1305x + 6090\right).$

练习 3.3

1. 求下列函数的二阶导数.

① $y = 2x^2 + \ln x$；

② $y = e^{2x-1}$；

③ $y = e^{-x} \sin x$；

④ $y = \ln\left(1 - x^2\right)$；

⑤ $y = \dfrac{e^x}{x}$；　　　　　　　　　⑥ $y = \ln\left(x + \sqrt{1+x^2}\right)$.

2. 设 $f''(x)$ 存在，求下列函数的二阶导数 $\dfrac{d^2 y}{d x^2}$.

① $y = f\left(x^2\right)$；　　　　　　　　② $y = \ln\left[f(x)\right]$.

3. 求下列函数所指定阶的导数.

① $y = x e^x$，求 $y^{(50)}$；　　　　　② $y = x^2 \sin 2x$，求 $y^{(n)}$.

3.4　隐函数与参数式函数的导数

3.4.1　隐函数的导数

可以利用复合函数求导法则来求出隐函数的导数. 例如，方程 $y - x^3 + e^y = 0$ 确定了 y 是 x 的一个隐函数，为了求 y 对 x 的导数，在方程两边对 x 求导，则有

$$y' - 3x^2 + e^y \cdot y' = 0$$

即得到

$$y' = \frac{3x^2}{1 + e^y}.$$

由此可见，对隐函数求导的方法是：

① 在方程两边分别对自变量 x 求导，在求导过程中把 y 视为 x 的函数；

② 求导后得到一个含 y' 的方程；

③ 从方程中解出 y'，即得到所求隐函数的导数，在隐函数导数的结果中，既可能含有自变量 x，又可能含有因变量 y，通常不能也不需要求出只含自变量的表达式.

【例 20】求方程 $e^y - e^x + xy = 0$ 所确定的隐函数 $y = f(x)$ 的导数.

【解】方程两边分别对 x 求导，得

$$e^y y' - e^x + y + xy' = 0$$

从而得

$$y' = \frac{e^x - y}{x + e^y} \quad (x + e^y \neq 0).$$

【例 21】求抛物线 $y^2 = 4x$ 在点 $(1, 2)$ 处的切线方程.

【解】先求切线的斜率，方程两边对 x 求导，得

$$2y \cdot y' = 4$$

即有

$$y' = \frac{2}{y}.$$

可知抛物线 $y^2 = 4x$ 在点 $(1, 2)$ 处的切线斜率为

$$k = y'\big|_{x=1} = \frac{2}{y}\bigg|_{(1,2)} = 1$$

因此，所求的切线为 $y - 2 = x - 1$，即 $y = x + 1$.

3.4.2 对数求导法

形如 $y=u(x)^{y(x)}$ 的函数称为幂指函数，直接使用前面介绍的求导法则不能求出幂指函数 $y=u(x)^{y(x)}$ 的导数，对于这类函数，可以先在等式两边取对数，然后在等式两边同时对自变量 x 求导，最后解出所求导数，这种求导方法称为对数求导法.

【例 22】设 $y=x^{\sin x}$ $(x>0)$，求 y'.

【解】为了求这个幂指函数的导数，可以先在等式两边取对数，得
$$\ln y=\sin x \cdot \ln x$$
在上式两边对 x 求导，得
$$\frac{1}{y}y'=\cos x\ln x+\sin x\cdot\frac{1}{x}$$
于是
$$y'=y\left(\cos x\ln x+\sin x\cdot\frac{1}{x}\right)=x^{\sin x}\left(\cos x\ln x+\sin x\cdot\frac{1}{x}\right).$$

【例 23】设 $y=\dfrac{\sqrt{(x-1)(x-2)}}{\sqrt{(x-3)(x-4)}}$ $(x>4)$，求 y'.

【解】先在等式两边取对数，得
$$\ln y=\frac{1}{2}\left[\ln(x-1)+\ln(x-2)-\ln(x-3)-\ln(x-4)\right]$$
在上式两边对 x 求导，得
$$\frac{1}{y}y'=\frac{1}{2}\left(\frac{1}{x-1}+\frac{1}{x-2}-\frac{1}{x-3}-\frac{1}{x-4}\right)$$
于是
$$y'=\frac{y}{2}\left(\frac{1}{x-1}+\frac{1}{x-2}-\frac{1}{x-3}-\frac{1}{x-4}\right)$$
$$=\frac{\sqrt{(x-1)(x-2)}}{2\sqrt{(x-3)(x-4)}}\left(\frac{1}{x-1}+\frac{1}{x-2}-\frac{1}{x-3}-\frac{1}{x-4}\right).$$

3.4.3 参数式函数的导数

一般地，设 t 为参数，则
$$\begin{cases}x=\varphi(t)\\y=\psi(t)\end{cases}, \quad t\in[\alpha,\beta]$$
表示平面上的一条曲线，当 $\varphi(t)$ 满足一定条件时，由上式可以确定 y 与 x 之间的函数关系，这种函数称为由参数方程确定的函数，即参数式函数.

下面介绍对参数式函数求导的方法.

设 $x=\varphi(t)$，$y=\psi(t)$ 都可导，且 $\varphi'(t)\neq0$，根据复合函数及反函数的求导方法，有

$$\frac{dy}{dx} = \frac{dy}{dt} \cdot \frac{dt}{dx} = \frac{\dfrac{dy}{dt}}{\dfrac{dx}{dt}} = \frac{\psi'(t)}{\varphi'(t)}$$

即
$$\frac{dy}{dx} = \frac{\psi'(t)}{\varphi'(t)} \quad \text{或} \quad \frac{dy}{dx} = \frac{\dfrac{dy}{dt}}{\dfrac{dx}{dt}}.$$

这就是参数式函数的求导公式.

【例 24】求由参数方程 $\begin{cases} x = a(t - \sin t) \\ y = a(1 - \cos t) \end{cases}$ 确定的函数 $y = y(x)$ 的导数.

【解】$\dfrac{dy}{dx} = \dfrac{\dfrac{dy}{dt}}{\dfrac{dx}{dt}} = \dfrac{a \sin t}{a(1 - \cos t)} = \dfrac{2 \sin \dfrac{t}{2} \cos \dfrac{t}{2}}{2 \sin^2 \dfrac{t}{2}} = \cot \dfrac{t}{2}.$

【例 25】求椭圆 $\begin{cases} x = a \cos t \\ y = b \sin t \end{cases}$ 在 $t = \dfrac{\pi}{3}$ 所对应的点处的切线方程.

【解】$\dfrac{dy}{dx} = \dfrac{(b \sin t)'}{(a \cos t)'} = \dfrac{b \cos t}{-a \sin t} = -\dfrac{b}{a} \cot t.$

所求切线的斜率为 $\left. \dfrac{dy}{dx} \right|_{t = \frac{\pi}{3}} = -\dfrac{\sqrt{3}b}{3a}.$

切点的坐标为 $x_0 = a \cos \dfrac{\pi}{3} = \dfrac{1}{2}a$ ，$y_0 = b \sin \dfrac{\pi}{3} = \dfrac{\sqrt{3}}{2}b$，切线方程为

$$y - \frac{\sqrt{3}}{2}b = -\frac{\sqrt{3}b}{3a}\left(x - \frac{1}{2}a\right)$$

练习 3.4

1. 求由下列方程所确定的隐函数的导数 $\dfrac{dy}{dx}$.

① $y^2 - 2xy + 9 = 0$ ；　　　　② $\ln \sqrt{x^2 + y^2} = \arctan \dfrac{y}{x}$ ；

③ $y = 1 - x e^y$ ；　　　　　　④ $y = \cos(x + y)$.

2. 用对数求导法求下列函数的导数.

① $y = \left(\dfrac{x}{1+x}\right)^x$ ；　　　　② $y = x \sqrt{\dfrac{1-x}{1+x}}$ ；

③ $y = (1 + x^2)^{\cos x}$ ；　　　　④ $y = \dfrac{(x+1)\sqrt{x-1}}{(x+4)^2 e^x}$.

3. 求由下列参数方程所确定的函数的导数 $\dfrac{\mathrm{d}y}{\mathrm{d}x}$.

① $\begin{cases} x = t - t^2 \\ y = t - t^3 \end{cases}$;   ② $\begin{cases} x = t \ln t \\ y = \ln t \end{cases}$.

4. 求曲线 $\begin{cases} x = 2\mathrm{e}^t \\ y = \mathrm{e}^{-t} \end{cases}$ 在 $t = 0$ 所对应的点处的切线方程.

3.5 函数的微分

3.5.1 微分的概念

微分是高等数学中的一个重要概念，它与函数的导数有着密切的关系.

在理论研究和实际应用中，经常遇到这样的问题：当自变量 x 有微小变化时，求函数 $y = f(x)$ 的微小改变量 $\Delta y = f(x+\Delta x) - f(x)$.

这个问题初看起来似乎只要做减法运算就可以了，然而对于较复杂的函数 $f(x)$，差值 $f(x+\Delta x) - f(x)$ 是一个更复杂的表达式，不易求出其值，解决这种问题的一个想法是：设法将 Δy 近似地表示成 Δx 的线性函数，即把 Δy 和 Δx 的关系线性化，从而把复杂问题化为简单问题. 微分就是实现这种线性化的一种数学方法.

先分析一个具体问题. 一块正方形金属薄片受温度变化的影响，其边长由 x_0 变到 $x_0 + \Delta x$（见图 3-2），问此薄片的面积增加了多少？

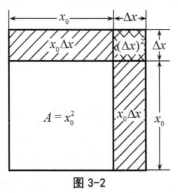

图 3-2

薄片的面积 A 与边长 x 存在函数关系 $A = x^2$. 薄片受温度变化影响时面积的增量为 ΔA，有

$$\Delta A = (x_0 + \Delta x)^2 - x_0^2 = 2x_0\Delta x + (\Delta x)^2$$

可以看出，ΔA 可以分为两部分，第一部分 $2x_0\Delta x$ 是 Δx 的线性函数，而第二部分 $(\Delta x)^2$ 当 $\Delta x \to 0$ 时是比 Δx 高阶的无穷小，即 $(\Delta x)^2 = o(\Delta x)$. 如果边长的改变量很小，即 $|\Delta x|$ 很小时，面积的改变量 ΔA 可近似地用第一部分来代替，即

$$\Delta A \approx 2x_0\Delta x$$

一般地，如果函数 $y=f(x)$ 满足一定的条件，则其增量 Δy 可表示为

$$\Delta y = A\Delta x + o(\Delta x)$$

其中 A 是不依赖于 Δx 的常数，则 $A\Delta x$ 是 Δx 的线性函数，且它与 Δy 之差

$$\Delta y - A\Delta x = o(\Delta x)$$

是比 Δx 高阶的无穷小. 所以，当 $A \neq 0$，且 $|\Delta x|$ 很小时，就可以近似地用 $A\Delta x$ 来代替 Δy.

下面给出微分的定义.

定义　设函数 $y=f(x)$ 在某区间内有定义，x_0 及 $x_0 + \Delta x$ 在这区间内，如果函数的增量 $\Delta y = f(x_0 + \Delta x) - f(x_0)$ 可表示为

$$\Delta y = A\Delta x + o(\Delta x)$$

其中 A 是与 Δx 无关的常数，则称函数 $y=f(x)$ 在点 x_0 可微，或简称函数可微，并且称 $A\Delta x$ 为函数 $y=f(x)$ 在点 x_0 处的微分，记作 $\mathrm{d}y$，即

$$\mathrm{d}y = A\Delta x$$

定理（函数可微的条件）　函数 $y=f(x)$ 在点 x_0 处可微的充分必要条件是函数 $y=f(x)$ 在点 x_0 处可导，且当 $y=f(x)$ 在点 x_0 可微时，其微分一定是

$$\mathrm{d}y = f'(x_0)\Delta x$$

因为函数 $y=x$ 的导数恒等于 1，所以函数 $y=x$ 的微分 $\mathrm{d}y = \mathrm{d}x = (x)' \cdot \Delta x = \Delta x$，也就是说自变量的微分与自变量的改变量相等，于是函数 $y=f(x)$ 在点 x 处的微分 $\mathrm{d}y$ 又可写为

$$\mathrm{d}y = f'(x)\mathrm{d}x$$

于是 $\dfrac{\mathrm{d}y}{\mathrm{d}x} = f'(x)$，即函数的导数等于函数的微分与自变量的微分的商，导数又称为微商，记号 $\dfrac{\mathrm{d}y}{\mathrm{d}x}$ 作为一个整体用来表示导数，由以上叙述可知，对于一元函数，函数可导与函数可微是等价的.

3.5.2　微分的运算

由基本初等函数的导数公式，可以直接写出基本初等函数的微分公式，为了便于对照，列成表 3-1.

表 3-1

导　数　公　式	微　分　公　式
$(x^\mu)' = \mu x^{\mu-1}$	$\mathrm{d}(x^\mu) = \mu x^{\mu-1}\mathrm{d}x$
$(\sin x)' = \cos x$	$\mathrm{d}(\sin x) = \cos x\mathrm{d}x$
$(\cos x)' = -\sin x$	$\mathrm{d}(\cos x) = -\sin x\mathrm{d}x$
$(\tan x)' = \sec^2 x$	$\mathrm{d}(\tan x) = \sec^2 x\mathrm{d}x$
$(\cot x)' = -\csc^2 x$	$\mathrm{d}(\cot x) = -\csc^2 x\mathrm{d}x$
$(\sec x)' = \sec x \tan x$	$\mathrm{d}(\sec x) = \sec x \tan x\mathrm{d}x$

(续表)

导 数 公 式	微 分 公 式
$(\csc x)' = -\csc x \cot x$	$\mathrm{d}(\csc x) = -\csc x \cot x \mathrm{d}x$
$(a^x)' = a^x \ln a$	$\mathrm{d}(a^x) = a^x \ln a \, \mathrm{d}x$
$(\mathrm{e}^x)' = \mathrm{e}^x$	$\mathrm{d}(\mathrm{e}^x) = \mathrm{e}^x \mathrm{d}x$
$(\log_a x)' = \dfrac{1}{x \ln a}$	$\mathrm{d}(\log_a x) = \dfrac{1}{x \ln a} \mathrm{d}x$
$(\ln x)' = \dfrac{1}{x}$	$\mathrm{d}(\ln x) = \dfrac{1}{x} \mathrm{d}x$
$(\arcsin x)' = \dfrac{1}{\sqrt{1-x^2}}$	$\mathrm{d}(\arcsin x) = \dfrac{1}{\sqrt{1-x^2}} \mathrm{d}x$
$(\arccos x)' = -\dfrac{1}{\sqrt{1-x^2}}$	$\mathrm{d}(\arccos x) = -\dfrac{1}{\sqrt{1-x^2}} \mathrm{d}x$
$(\arctan x)' = \dfrac{1}{1+x^2}$	$\mathrm{d}(\arctan x) = \dfrac{1}{1+x^2} \mathrm{d}x$
$(\operatorname{arccot} x)' = -\dfrac{1}{1+x^2}$	$\mathrm{d}(\operatorname{arccot} x) = -\dfrac{1}{1+x^2} \mathrm{d}x$

由函数的和、差、积、商的求导法则, 可推得相应的微分法则, 为了便于对照, 列成表 3-2(表中的 $u = u(x)$, $v = v(x)$ 都可导).

表 3-2

函数的和、差、积、商的求导法则	函数的和、差、积、商的微分法则
$(u \pm v)' = u' \pm v'$	$\mathrm{d}(u \pm v) = \mathrm{d}u \pm \mathrm{d}v$
$(Cu)' = Cu'$	$\mathrm{d}(Cu) = C\mathrm{d}u$
$(uv)' = u'v + uv'$	$\mathrm{d}(uv) = v\mathrm{d}u + u\mathrm{d}v$
$\left(\dfrac{u}{v}\right)' = \dfrac{u'v - uv'}{v^2} \quad (v \neq 0)$	$\mathrm{d}\left(\dfrac{u}{v}\right) = \dfrac{v\mathrm{d}u - u\mathrm{d}v}{v^2} \quad (v \neq 0)$

【例 26】 求函数 $y = x^2$ 在 $x = 1$ 和 $x = 3$ 处的微分.

【解】 函数 $y = x^2$ 在 $x = 1$ 处的微分为:

$$\mathrm{d}y \big|_{x=1} = (x^2)' \big|_{x=1} \cdot \Delta x = 2x \big|_{x=1} \cdot \Delta x = 2\Delta x$$

在 $x = 3$ 处的微分为:

$$\mathrm{d}y \big|_{x=3} = (x^2)' \big|_{x=3} \cdot \Delta x = 2x \big|_{x=3} \cdot \Delta x = 6\Delta x$$

【例 27】 求函数 $y = x^2$ 当 x 由 1 改变到 1.02 时的微分 $\mathrm{d}y$ 与改变量 Δy.

【解】 $\mathrm{d}y = y'\Delta x = (x^2)'\Delta x = 2x\Delta x$.

当 $x = 1$, $\Delta x = 0.02$ 时,

$$\mathrm{d}y = 0.04$$

$$\Delta y = (1.02)^2 - 1^2 = 0.0404$$

可见 Δy 与 $\mathrm{d}y$ 相差很小，而当 $\Delta x \to 0$ 时，Δy 和 $\mathrm{d}y$ 为等价无穷小量.

3.5.3 微分的几何意义

设曲线 $y = f(x)$ 在点 $P(x, y)$ 处的切线为 PT，点 $Q(x + \Delta x, y + \Delta y)$ 为曲线上点 P 的邻近点，如图 3-3 所示. 切线 PT 的斜率是 $k = \tan \alpha = f'(x)$，不难看出，$MN = MP \cdot \tan \alpha = \Delta x \cdot f'(x) = \mathrm{d}y$.

因此，函数 $y = f(x)$ 在点 x_0 处的微分 $\mathrm{d}y = MN$，在几何上表示了当自变量 x 改变了 Δx 时，切线 PT 上相应点纵坐标的改变量；图 3-3 中 $MQ = \Delta y$，它是当自变量 x 改变了 Δx 时，曲线 $y = f(x)$ 上相应点纵坐标的改变量. 当 Δx 无限趋近于 0 时，MN 和 MQ 是等价无穷小.

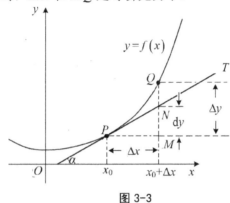

图 3-3

3.5.4 微分形式不变性

设函数 $y = f(u)$ 可导，则：

① 当 u 是自变量时，函数 y 的微分为
$$\mathrm{d}y = f'(u)\mathrm{d}u$$

② 当 u 是中间变量，即 $y = f(u)$，$u = \varphi(x)$ 时，复合函数 $y = f[\varphi(x)]$ 的微分为
$$\mathrm{d}y = \left\{ f[\varphi(x)] \right\}' \mathrm{d}x = f'(u) \cdot \varphi'(x)\mathrm{d}x = f'(u)\mathrm{d}u$$

由此可见，对函数 $y = f(u)$ 而言，不论 u 是自变量还是中间变量，函数的微分 $\mathrm{d}y = f'(u)\mathrm{d}u$ 形式都相同，这个结论称为一阶微分形式不变性.

【例 28】设 $y = \sin^3 x$，求 $\mathrm{d}y$.

【解】方法 1 $\quad \mathrm{d}y = y'\mathrm{d}x = (\sin^3 x)' \mathrm{d}x$
$$= 3\sin^2 x \cdot \cos x \mathrm{d}x.$$

方法 2 令 $y = u^3$，$u = \sin x$，由微分形式不变性，得
$$\mathrm{d}y = (u^3)' \mathrm{d}u = 3u^2 \mathrm{d}u = 3\sin^2 x \mathrm{d}\sin x$$

$$= 3\sin^2 x \cdot \cos x \mathrm{d}x.$$

【例 29】① 求函数 $y = \sin(2x+1)$ 的微分；

② 设 $y = \ln^2(1-x)$，求 $\mathrm{d}y$.

① 把 $2x+1$ 看成中间变量，令 $u = 2x+1$，得

$$\mathrm{d}y = \mathrm{d}(\sin u) = \cos u \mathrm{d}u = \cos(2x+1)\mathrm{d}(2x+1)$$

$$= \cos(2x+1)\cdot 2\mathrm{d}x = 2\cos(2x+1)\mathrm{d}x.$$

② $\mathrm{d}y = 2\ln(1-x)\mathrm{d}\ln(1-x) = 2\ln(1-x)\cdot\dfrac{-1}{1-x}\mathrm{d}x$

$$= \frac{2}{x-1}\ln(1-x)\mathrm{d}x.$$

3.5.5　微分在近似计算中的应用

1. 近似计算函数值的改变量

由微分的定义可知，若函数 $y = f(x)$ 在点 x 处有导数，那么当 $|\Delta x|$ 很小时，有 $\Delta y \approx \mathrm{d}y$. 于是可以用函数的微分来近似代替函数值的改变量，即

$$f(x_0 + \Delta x) - f(x_0) \approx f'(x_0)\cdot\Delta x \quad (\text{当}|\Delta x|\text{很小时})$$

【例 30】半径为 10 厘米的金属圆片加热后，半径增长了 0.05 厘米，问面积大约增加了多少？

【解】设 S, R 分别表示金属圆片的面积与半径，则 $S = \pi R^2$.

于是　　　　　　$\Delta S \approx \mathrm{d}S = (\pi R^2)' \Delta R = 2\pi R\Delta R$.

现以 $R = 10$，$\Delta R = 0.05$ 代入，得

$$\Delta S \approx 2\pi\cdot10\cdot0.05 = \pi$$

面积大约增加了 π 平方厘米.

2. 近似计算函数值

由近似式　　　$f(x_0 + \Delta x) - f(x_0) \approx f'(x_0)\cdot\Delta x \quad (\text{当}|\Delta x|\text{很小时})$，

即可得到　　　$f(x_0 + \Delta x) \approx f(x_0) + f'(x_0)\Delta x$.

因此可以利用以上结论计算某点处函数值的近似值.

【例 31】① 计算 $\sin 30°30'$ 的近似值（精确到 0.0001）；

② 求 $\sqrt[4]{82}$ 的近似值（精确到 0.001）.

【解】① 把 $30°30'$ 化为弧度，得

$$30°30' = \frac{\pi}{6} + \frac{\pi}{360}$$

由于所求的是正弦函数的值，故设 $f(x)=\sin x$ ．此时 $f'(x)=\cos x$ ．取 $x_0=\dfrac{\pi}{6}$ ，则 $f\left(\dfrac{\pi}{6}\right)=\sin\dfrac{\pi}{6}=\dfrac{1}{2}$ 与 $f'\left(\dfrac{\pi}{6}\right)=\cos\dfrac{\pi}{6}=\dfrac{\sqrt{3}}{2}$ 都容易求得，并且 $\Delta x=\dfrac{\pi}{360}$ 比较小，所以有：

$$\sin 30°30'=\sin\left(\dfrac{\pi}{6}+\dfrac{\pi}{360}\right)\approx\sin\dfrac{\pi}{6}+\cos\dfrac{\pi}{6}\cdot\dfrac{\pi}{360}$$

$$=\dfrac{1}{2}+\dfrac{\sqrt{3}}{2}\cdot\dfrac{\pi}{360}\approx 0.5000+0.0076=0.5076 .$$

② $\sqrt[4]{82}=\sqrt[4]{81\left(1+\dfrac{1}{81}\right)}=3\sqrt[4]{1+\dfrac{1}{81}}$ ．

令 $f(x)=3\sqrt[4]{x}$ ，则 $f'(x)=\dfrac{3}{4}x^{-\frac{3}{4}}$ ．

于是 $\quad \sqrt[4]{82}=f\left(1+\dfrac{1}{81}\right)\approx f(1)+f'(1)\cdot\dfrac{1}{81}$

$$=3+\dfrac{3}{4}\cdot\dfrac{1}{81}=3+\dfrac{1}{108}\approx 3.009 .$$

在近似式 $f(x_0+\Delta x)\approx f(x_0)+f'(x_0)\cdot\Delta x$ 中，如果令 $x_0+\Delta x=x$ ，则有

$$f(x)\approx f(x_0)+f'(x_0)(x-x_0)$$

再令 $x_0=0$ ，于是得到

$$f(x)\approx f(0)+f'(0)\cdot x$$

此式表明，不论 $f(x)$ 多么复杂，只要 $f'(0)$ 存在，那么在 $x=0$ 附近，函数 $f(x)$ 都可以用线性函数来近似代替．

【例 32】 试证，当 $|x|$ 很小时，有 $\sqrt[n]{1+x}\approx 1+\dfrac{1}{n}x$ ．

【证明】 令 $f(x)=\sqrt[n]{1+x}$ ，于是 $f'(x)=\dfrac{1}{n}(1+x)^{\frac{1}{n}-1}$ ，

把 $f(0)=1$ ， $f'(0)=\dfrac{1}{n}$ 代入 $f(x)\approx f(0)+f'(0)\cdot x$ ，即得到

$$\sqrt[n]{1+x}\approx 1+\dfrac{1}{n}x$$

类似地，当 $|x|$ 很小时，可得以下近似式：

$$\sin x\approx x,\ \tan x\approx x,\ (1+x)^n\approx 1+nx$$

【例 33】 计算 $\sqrt{1.05}$ 的近似值．

【解】 $\sqrt{1.05}=\sqrt{1+0.05}$ ，这里 $\Delta x=0.05$ ，其值较小，利用近似公式，得

$$\sqrt{1.05}\approx 1+\dfrac{1}{2}\cdot 0.05=1.025$$

练习 3.5

1. 求下列函数的微分.

① $y = \ln\left(1 + e^x\right)$；

② $y = \ln\left(\sqrt{x^2 + a^2} + x\right)$；

③ $y = x^2 e^{2x}$；

④ $y = \arcsin\sqrt{1 - x^2}$.

2. 将适当的函数填入下列括号内，使等式成立.

① $d(\quad) = 2dx$；

② $d(\quad) = 3xdx$；

③ $d(\quad) = \cos t dt$

④ $d(\quad) = \dfrac{1}{\sqrt{x}}dx$.

3. 计算下列式子的近似值.

① $\cos 29°$；

② $\sqrt[6]{65}$.

3.6　导数在经济学中的简单应用

在经济分析中经常使用变化率这一概念，而导数就是函数在某点处的变化率，本节利用这个概念，简单介绍导数在经济分析中的两个应用——边际分析和弹性分析.

3.6.1　边际分析

定义　设 $y = f(x)$ 可导，其导函数 $f'(x)$ 称为该函数的**边际函数**，称 $f'(x)$ 在 x_0 处的函数值 $f'(x_0)$ 为**边际函数值**.

边际函数值 $f'(x_0)$ 表示 $f(x)$ 在 x_0 处的变化率，即变化速度. 在 $x = x_0$ 处，x 从 x_0 改变一个单位（即 $\Delta x = 1$），y 有相应的改变量 $\Delta y\Big|_{\substack{x = x_0 \\ \Delta x = 1}}$，由微分定义知

$$\Delta y\Big|_{\substack{x = x_0 \\ \Delta x = 1}} \approx dy\Big|_{\substack{x = x_0 \\ \Delta x = 1}} = f'(x)\Delta x\Big|_{\substack{x = x_0 \\ \Delta x = 1}} = f'(x_0)$$

这说明 $f(x)$ 在 $x = x_0$ 处产生一个单位的改变时，y 近似改变了 $f'(x_0)$ 个单位. 在经济分析中，解释边际函数值的具体意义时，通常略去"近似"二字.

例如，函数 $y = x^2$ 在 $x = 10$ 处的边际函数值 $y'(10) = 20$，它表示当 $x = 10$ 时，x 改变一个单位，y（近似）改变 20 个单位.

下面介绍经济学中常见的边际函数.

1. 边际成本

总成本函数为 $C = C(Q) = C_1 + C_2(Q)$，其中 C_1 为固定成本，$C_2(Q)$ 为可变成本，Q 表示产量，则边际成本为

$$C' = C'(Q) = C_2'(Q)$$

它表示总成本的变化率，在经济分析中，边际成本表示产量增加一个单位时所增加的总成本.

2. 边际收益

设 P 为商品价格，Q 为商品数量，R 为总收益，则

价格函数 $\qquad\qquad P=P(Q)$

总收益函数 $\qquad\quad R=R(Q) = Q \cdot P(Q)$

边际收益函数 $\qquad R'=R'(Q) = \left(Q \cdot P(Q)\right)' = P(Q) + Q \cdot P'(Q)$

边际收益表示总收益的变化率，就是增加一个单位的销售量所增加的销售收入.

3. 边际利润

设总利润为 L，则

$$L=L(Q) = R(Q) - C(Q)$$

边际利润为

$$L'=L'(Q) = R'(Q) - C'(Q)$$

边际利润表示总利润的变化率，就是增加一个单位的销售量所增加的销售总利润.

【**例 34**】已知生产 Q 件某产品的成本（单位：元）为

$$C = 9000 + 40Q + 0.001Q^2$$

试求：① 边际成本函数；② 产量为 1000 件时的边际成本，并解释其经济含义.

【**解**】① 边际成本函数为

$$C'(Q) = (9000 + 40Q + 0.001Q^2)' = 40 + 0.002Q$$

② 产量为 1000 件时的边际成本为

$$C'(1000) = 40 + 0.002 \times 1000 = 42$$

它表示当产量为 1000 件时，再生产一件产品所需要的成本为 42 元.

3.6.2 弹性分析

1. 弹性的概念

前面提到的函数改变量与函数变化率是绝对改变量与绝对变化率. 在经济分析中有时需要研究相对改变量与相对变化率. 例如，甲商品每单位价格为 10 元，涨价 1 元；乙商品每单位价格为 1000 元，也涨价 1 元. 两种商品价格的绝对改变量都是 1 元，但各自与原价相比，涨价的百分比却有很大不同，甲商品涨了 10%，乙商品涨了 0.1%. 因而要研究函数的相对变化率，它即为弹性.

定义 设函数 $y=f(x)$ 在 $x=x_0$ 处可导，函数的相对改变量 $\dfrac{\Delta y}{y_0}$ 与自变量的相对改变量 $\dfrac{\Delta x}{x_0}$ 之比 $\dfrac{\Delta y/y_0}{\Delta x/x_0}$ 称为函数从 $x=x_0$ 到 $x=x_0+\Delta x$ **两点间的相对变化率**，或称为**两点间的弹性**. 当 $\Delta x \to 0$ 时，$\dfrac{\Delta y/y_0}{\Delta x/x_0}$ 的极限称为函数在 $x=x_0$ 处的**相对变化率或弹性**，记作

$$\left.\frac{Ey}{Ex}\right|_{x=x_0} \quad 或 \quad \frac{E}{Ex}f(x_0)$$

即

$$\left.\frac{Ey}{Ex}\right|_{x=x_0}=\lim_{\Delta x \to 0}\frac{\Delta y/y_0}{\Delta x/x_0}=f'(x_0)\frac{x_0}{f(x_0)}.$$

对一般的 x，若 $f(x)$ 可导，则

$$\frac{Ey}{Ex}=\lim_{\Delta x \to 0}\frac{\Delta y/y}{\Delta x/x}=y'\frac{x}{y}=\frac{y'}{y}x$$

是 x 的函数，称之为 $f(x)$ 的**弹性函数**.

函数 $y=f(x)$ 在点 x 的弹性 $\dfrac{Ey}{Ex}$ 反映了随着 x 的变化，$y=f(x)$ 变化幅度的大小，也就是 $y=f(x)$ 对 x 的变化反应的强烈程度或灵敏度.

$\dfrac{E}{Ex}f(x_0)$ 表示在点 $x=x_0$ 处，当 x 产生 1% 的改变时，$f(x)$ 近似改变了 $\dfrac{E}{Ex}f(x_0)\%$. 在经济分析中解释弹性的具体意义时，通常略去"近似"二字.

注意 两点间的弹性是有方向性的，因为它是相对初始值而言的.

【**例 35**】 求 $y=3+2x$ 在 $x=3$ 处的弹性.

【**解**】 $y'=2$，$\dfrac{Ey}{Ex}=y'\dfrac{x}{y}=\dfrac{2x}{3+2x}$.

$$\left.\frac{Ey}{Ex}\right|_{x=3}=\left.\frac{2x}{3+2x}\right|_{x=3}=\frac{2\times3}{3+2\times3}=\frac{2}{3}.$$

它表示在 $x=3$ 处，自变量 x 产生 1% 的改变时，函数值近似改变了 $\dfrac{2}{3}\%$.

2. 需求弹性

设 P 为商品价格，Q 为商品数量，则有

$$Q=f(P)$$

称其为需求价格函数，简称为需求函数.

一般来说，商品的价格低，需求大；商品的价格高，需求小. 因此需求函数 $Q=f(P)$ 是单调减少的函数，从而 $Q'=f'(P)$ 为非正数. 为了处理问题方便，在经济分析中，将需求弹性定义为

$$\frac{EQ}{EP} = -\frac{Q'}{Q}P = -\frac{f'(P)}{f(P)}P$$

也可记作 $\eta(P)$，即

$$\eta(P) = -\frac{Q'}{Q}P = -\frac{f'(P)}{f(P)}P$$

上式表明需求弹性为非负数，$\eta(P)$ 称为需求弹性函数.

【例 36】 设某商品需求函数为 $Q = e^{-\frac{P}{5}}$，求：

① 需求弹性；② $P=3$，$P=5$，$P=6$ 时的需求弹性.

【解】 ① $Q' = \left(e^{-\frac{P}{5}}\right)' = -\frac{1}{5}e^{-\frac{P}{5}}$，$\eta(P) = -\frac{Q'}{Q}P = -\frac{-\frac{1}{5}e^{-\frac{P}{5}}}{e^{-\frac{P}{5}}} = \frac{P}{5}$.

② $\eta(3) = \frac{3}{5} = 0.6$，$\eta(5) = \frac{5}{5} = 1$，$\eta(6) = \frac{6}{5} = 1.2$.

$\eta(3) = 0.6$，说明当 $P=3$ 时，需求变动的幅度小于价格变动的幅度，即 $P=3$ 时，价格上涨 1%，需求减少 0.6%.

$\eta(5) = 1$，说明当 $P=5$ 时，需求变动的幅度与价格变动的幅度相同.

$\eta(6) = 1.2$，说明当 $P=6$ 时，需求变动的幅度大于价格变动的幅度，即 $P=6$ 时，价格上涨 1%，需求减少 1.2%.

3. 利用需求弹性分析总收益的变化

总收益 R 是商品价格 P 与销售量 Q 的乘积，即

$$R = P \cdot Q = P \cdot f(P)$$

则

$$R' = f(P) + P \cdot f'(P) = f(P)\left[1 + f'(P)\frac{P}{f(P)}\right] = f(P)(1 - \eta)$$

① 若 $\eta < 1$，则需求变动的幅度小于价格变动的幅度. 此时，$R' > 0$，R 递增. 即价格上涨，总收益增加；价格下跌，总收益减少.

② 若 $\eta > 1$，则需求变动的幅度大于价格变动的幅度. 此时，$R' < 0$，R 递减. 即价格上涨，总收益减少；价格下跌，总收益增加.

③ 若 $\eta = 1$，则需求变动的幅度等于价格变动的幅度. 此时，$R' = 0$，R 取得最大值.

综上所述，总收益的变化受需求弹性的制约，随商品需求的变化而变化.

【例 37】 设某商品需求函数为 $Q = f(P) = 12 - \frac{P}{2}$. 求：

① 需求弹性函数；

② 在 $P=6$ 时的需求弹性；

③ 在 $P=6$ 时，若价格上涨 1%，总收益增加还是减少？将变化百分之几？

④ P 为何值时，总收益最大？最大总收益是多少？

【解】① $\eta(P) = -\dfrac{Q'}{Q}P = \dfrac{1}{2} \cdot \dfrac{P}{12 - \dfrac{P}{2}} = \dfrac{P}{24 - P}$.

② $\eta(6) = \dfrac{6}{24 - 6} = \dfrac{1}{3}$.

③ $\eta(6) = \dfrac{1}{3} < 1$，所以价格上涨 1%，总收益将增加.

下面求 R 增长的百分比，即求 R 的弹性.

$$R' = f(P)(1 - \eta), \quad R'(6) = \left(12 - \dfrac{6}{2}\right)\left(1 - \dfrac{1}{3}\right) = 6$$

$$R = P\left(12 - \dfrac{P}{2}\right) = 12P - \dfrac{P^2}{2}, \quad R(6) = 54$$

则 $\qquad \left.\dfrac{ER}{EP}\right|_{P=6} = R'(6)\dfrac{6}{R(6)} = \dfrac{2}{3} \approx 0.67$.

所以，当 $P=6$，价格上涨 1%，总收益增加约 0.67%.

④ $R' = 12 - P$.

令 $R' = 0$，则 $P = 12$，$R(12) = 72$.

所以，当 $P = 12$ 时，总收益最大，且最大总收益为 72.

练习 3.6

1. 若某产品的总成本函数为 $C(Q) = 1500 + 0.01Q^2$，求：

① 生产 120 个单位时的总成本和平均单位成本；

② 生产 120 个单位时的边际成本，并解释其经济意义.

2. 若某公司生产某种产品的固定成本为 50 000 元，可变成本为每件 25 元，价格函数为

$$P = P(Q) = 70 - 0.005Q$$

其中 Q 为销售量. 假设供销平衡，求：

① 边际利润函数；

② 当产量 Q 为 3000 件时的边际利润，并给出相应的经济解释.

3. 求下列函数的边际函数和弹性函数.

① $y = ax + b$； ② $y = 4x^2 - 2x^3$；

③ $y = 100a^{-x} \ (a > 0, a \neq 1)$.

4. 设某商品需求函数为 $Q = 100\mathrm{e}^{-\frac{P^2}{4}}$，求：

① 需求弹性函数；

② 需求弹性函数值 $\eta(2)$，并解释其经济意义.

5. 设某商品需求函数为 $Q = f(P) = 150 - \dfrac{P^2}{6}$. 求：

① 需求弹性函数和收益弹性函数；

② 在 $P=10$ 时的需求弹性，并解释其经济意义；

③ 在 $P=10$ 时，若价格上涨 1%，总收益增加还是减少？将变化百分之几？

④ 在 $P=20$ 时，若价格上涨 1%，总收益增加还是减少？将变化百分之几？

习 题 3

一、单选题

1. 设 $f(x)=\begin{cases} x^2\cos\dfrac{1}{x}, & x\neq 0 \\ 0, & x=0 \end{cases}$，则下列结论中正确的是（　　）.

   A. $f'(0)=-1$ B. $f'(0)=0$

   C. $f'(0)=1$ D. $f'(0)$ 不存在

2. 设函数 $f(x)=|x-1|$，则 $f(x)$（　　）.

   A. 在 $x=1$ 处连续可导   B. 在 $x=1$ 处不连续

   C. 在 $x=0$ 处连续可导   D. 在 $x=0$ 处不连续

3. 设函数 $y=\ln x$，则 $y^{(10)}=$（　　）.

   A. $-\dfrac{1}{x^9}$ B. $\dfrac{1}{x^9}$ C. $\dfrac{8!}{x^9}$ D. $-\dfrac{8!}{x^9}$

4. 设函数 $f(x)$ 在 $x=0$ 处连续，又 $\lim\limits_{h\to 0}\dfrac{f(h^2)}{h^2}=1$，则（　　）.

   A. $f(0)=0$，$f_-'(0)$ 存在且等于 1

   B. $f(0)=1$，$f'(0)$ 存在且等于 0

   C. $f(0)=0$，$f_+'(0)$ 存在且等于 1

   D. $f(0)=1$，$f_+'(0)$ 存在且等于 0

5. $f(x)$ 在点 $x=x_0$ 处可微是 $f(x)$ 在点 $x=x_0$ 处连续的（　　）.

   A. 充分且必要条件   B. 必要非充分条件

   C. 充分非必要条件   D. 既非充分也非必要条件

二、填空题

1. 曲线 $y=x^2+1$ 在点 $(1,2)$ 处的切线方程为＿＿＿＿＿＿＿＿.

2. 已知函数 $y=x(x-1)(x-2)(x-3)$，则 $\left.\dfrac{\mathrm{d}y}{\mathrm{d}x}\right|_{x=3}=$＿＿＿＿＿＿.

3. 已知 $\begin{cases} x=\cos t \\ y=\sin t \end{cases}$，则 $\dfrac{\mathrm{d}y}{\mathrm{d}x}=$＿＿＿＿＿＿＿＿.

4. 设 $y=f(\ln x)$，其中 f 可微，则 $\mathrm{d}y=$＿＿＿＿＿＿＿＿.

5. 设某商品的需求函数为 $Q=\mathrm{e}^{-\frac{P}{3}}$，则需求弹性 $\eta(P)=$ ＿＿＿＿＿＿＿＿．

三、计算题

1. 在下列各题中均假定 $f'(x)$ 存在，按照导数的定义观察下列极限，分析并指出 A 的具体含义．

① $\lim\limits_{\Delta x \to 0} \dfrac{f(x_0 - \Delta x) - f(x_0)}{\Delta x} = A$；

② $\lim\limits_{x \to 0} \dfrac{f(x)}{x} = A$，其中 $f(0) = 0$ 且 $f'(0) = 0$ 存在；

③ $\lim\limits_{h \to 0} \dfrac{f(x_0 + h) - f(x_0 - h)}{h} = A$；

④ $\lim\limits_{x \to 0} \dfrac{x}{f(x_0 - 2x) - f(x_0 - x)} = A \neq 0$．

2. 求下列各函数在点 $x=0$ 处的导函数 $f'(0)$．

① $f(x) = \dfrac{\mathrm{e}^x}{x+1}$；　　　　　　　② $f(x) = \sqrt[3]{x}$；

③ $f(x) = \sqrt[3]{x}\sin x$；　　　　　　　④ $f(x) = \dfrac{x^2\sqrt[3]{x^2}}{\sqrt{x^5}}$．

3. 讨论下列函数在点 $x=0$ 处的连续性与可导性．

① $f(x) = |\sin x|$；　　　　　　　② $f(x) = x|x|$．

4. 已知 $f(x) = (x-a)\varphi(x)$，其中 $\varphi(x)$ 在 $x=a$ 的某个邻域内有定义，且 $\varphi(x)$ 在 $x=a$ 处连续，求 $f'(a)$．

5. 求下列函数的一阶导数．

① $y = \dfrac{4}{x^2} + \dfrac{7}{x^4} - \dfrac{2}{x} + 12$；　　　　② $y = \tan x + \sec x - 1$．

6. 利用复合函数的求导法则求下列函数的一阶导数．

① $y = \sqrt{a^2 - x^2}$；　　　　　　② $y = \sqrt{1 + \ln x^2}$；

③ $y = \ln\left[\ln(\ln x)\right]$；　　　　　④ $y = \dfrac{\sqrt{1+x} - \sqrt{1-x}}{\sqrt{1+x} + \sqrt{1-x}}$．

7. 设 $f(t)$ 二阶可导，且 $f''(t) \neq 0$，若 $\begin{cases} x = f(t) \\ y = tf(t) - f(t) \end{cases}$，求 $\dfrac{\mathrm{d}y}{\mathrm{d}x}$，$\dfrac{\mathrm{d}^2 y}{\mathrm{d}x^2}$．

8. 设 $y = \dfrac{1}{x^2 + 5x + 6}$，求 $y^{(100)}$．

9. 设不恒为零的奇函数 $f(x)$ 在 $x=0$ 处可导，试说明 $x=0$ 为函数 $\dfrac{f(x)}{x}$ 的何种间断点．

10. 试从 $\dfrac{\mathrm{d}x}{\mathrm{d}y}=\dfrac{1}{y'}$ 导出下列各式.

① $\dfrac{\mathrm{d}^2x}{\mathrm{d}y^2}=-\dfrac{y''}{\left(y'\right)^3}$；　　　　　　　② $\dfrac{\mathrm{d}^3x}{\mathrm{d}y^3}=\dfrac{3\left(y''\right)^2-y'y'''}{\left(y'\right)^5}$.

11. 设 $y=\dfrac{x^2}{1-x}\sqrt[3]{\dfrac{2+x}{\left(2-x\right)^2}}+\sin x$，求 y'.

12. 设 $f(x)$ 满足 $f(x)+2f\left(\dfrac{1}{x}\right)=\dfrac{3}{x}$，求 $f'(x)$.

13. 设 y 是由方程 $x^{y^2}+y^2\ln x=4$ 所确定的 x 的函数，求 $\dfrac{\mathrm{d}y}{\mathrm{d}x}$.

14. 求三叶玫瑰线 $r=a\sin 3\theta$ 在 $\theta=\dfrac{\pi}{3}$ 处的切线方程.

15. 已知 $y=x^3-x$，计算在 $x=2$ 处当 Δx 分别取 $0.1,0.01$ 时的 Δy 和 $\mathrm{d}y$.

16. 计算下列式子的近似值.

① $\sqrt[3]{996}$；　　　　　　　② $\arccos 0.4995$.

17. 已知某企业生产 x 单位产品的成本函数为 $C(x)=200+4x+0.02x^2$.

① 求该产品的平均成本与边际成本，并解释 $x=5$ 时边际成本的经济意义；

② 当 x 为多少时，平均成本最小？此时的平均成本和边际成本分别是多少？

18. 设某商品需求函数为 $Q=f(P)=20-\dfrac{P}{3}$，求：

① 在 $P=2$ 时的需求弹性，并解释其经济意义；

② 在 $P=2$ 时，若价格上涨 1%，总收益将变化百分之几？

③ P 为多少时，总收益最大？

四、 证明题

1. 证明：若 $f(x)$ 为偶函数且 $f'(0)$ 存在，则 $f'(0)=0$.

2. 求证：$y=\mathrm{e}^x\sin x$ 满足关系式 $y''-2y'+2y=0$.

第**4**章 微分中值定理与导数应用

导数反映了函数在某一点处的局部性质. 本章以中值定理作为理论基础, 研究函数的整体性质, 介绍未定式极限的求法、函数的单调性和凹凸性、函数的极值和最值以及导数的其他简单应用.

4.1 微分中值定理

4.1.1 罗尔(Rolle)中值定理

为了研究方便, 先介绍费马(Fermat)引理.

费马(Fermat)引理 设函数 $f(x)$ 在点 x_0 的某邻域 $U(x_0)$ 内有定义, 且在点 x_0 处可导, 如果对任意的一个 $x \in U(x_0)$, 都有 $f(x) \leqslant f(x_0)$ (或 $f(x) \geqslant f(x_0)$), 则 $f'(x_0) = 0$.

证明 不妨设 $x \in U(x_0)$ 时, $f(x) \leqslant f(x_0)$ ($f(x) \geqslant f(x_0)$ 的证明方法类似).

于是对于 $x_0 + \Delta x \in U(x_0)$, 有 $f(x_0 + \Delta x) \leqslant f(x_0)$,

从而当 $\Delta x > 0$ 时, 有 $\dfrac{f(x_0 + \Delta x) - f(x_0)}{\Delta x} \leqslant 0$;

当 $\Delta x < 0$ 时, 有 $\dfrac{f(x_0 + \Delta x) - f(x_0)}{\Delta x} \geqslant 0$.

根据函数 $f(x)$ 在点 x_0 可导的条件及极限的保号性, 便得到

$$f'(x_0) = f'_+(x_0) = \lim_{\Delta x \to 0^+} \frac{f(x_0 + \Delta x) - f(x_0)}{\Delta x} \leqslant 0$$

$$f'(x_0) = f'_-(x_0) = \lim_{\Delta x \to 0^-} \frac{f(x_0 + \Delta x) - f(x_0)}{\Delta x} \geqslant 0$$

所以 $f'(x_0) = 0$.

定义 导数等于零的点称为函数的**驻点**(或稳定点、临界点).

罗尔(Rolle)中值定理 如果函数 $f(x)$ 满足:

① 在闭区间 $[a, b]$ 上连续;

② 在开区间(a,b)内可导；

③ 在区间端点的函数值相等，即$f(a)=f(b)$，

那么在(a,b)内至少有一点ξ $(a<\xi<b)$，使得$f'(\xi)=0$.

证明　由于$f(x)$在闭区间$[a,b]$上连续，故必在$[a,b]$上能取到最大值M和最小值m. 这样，只可能出现以下两种情形.

① $M=m$. 这时$f(x)$在区间$[a,b]$上必然取相同的数值M：$f(x)=M$. 由此，对于任意的$x\in(a,b)$，有$f'(x)=0$. 因此，对于任意的$\xi\in(a,b)$，都有$f'(\xi)=0$，结论成立.

② $M>m$. 因为$f(a)=f(b)$，所以M和m这两个数中至少有一个不等于$f(x)$在区间$[a,b]$的端点处的函数值. 为确定起见，不妨设$M\neq f(a)$（如果设$m\neq f(a)$，证法完全类似）. 那么在开区间(a,b)内必定有一点ξ使$f(\xi)=M$. 因此，对于任意的$x\in[a,b]$，有$f(x)\leqslant f(\xi)$，由费马引理可知$f'(\xi)=0$.

由①和②可知，定理成立.

罗尔中值定理的几何意义　若函数$f(x)$满足罗尔中值定理的三个条件，那么曲线$y=f(x)$ $(a\leqslant x\leqslant b)$是一条连续的曲线弧，除端点外处处具有不垂直于$x$轴的切线，且两个端点的纵坐标相等，即$f(a)=f(b)$. 可以发现在曲线的最高点（或最低点）$C$处，曲线有水平的切线. 如果记点$C$的横坐标为$\xi$，那么就有$f'(\xi)=0$，如图 4-1 所示（图 4-1 中，曲线上有两点存在水平切线）.

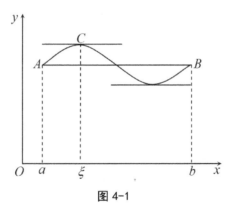

图 4-1

注意　定理的三个条件是结论成立的充分条件，即如果不满足某一个条件，结论就可能不成立. 不过即使三个条件都不满足，结论中的ξ仍可能存在.

例如：$f(x)=|x|$，$x\in[-2,2]$，在$[-2,2]$上，$f(x)$除了在点$x=0$处的导数不存在外，满足罗尔定理的其他条件，但在$(-2,2)$内找不到一个点x，能使$f'(x)=0$.

又如 $f(x)=x$，$x\in[0,1]$，在 $[0,1]$ 上，$f(x)$ 除了不满足 $f(0)\neq f(1)$ 外，满足罗尔定理的其他条件，但在 $(0,1)$ 内 $f'(x)=1$，因此在 $(0,1)$ 内找不到一个点 x，能使 $f'(x)=0$．

常利用罗尔定理判断 $f'(x)$ 的零点．

【**例 1**】验证函数 $f(x)=\ln\sin x$ 在 $\left[\dfrac{\pi}{3},\dfrac{2\pi}{3}\right]$ 上满足罗尔定理的条件，并求定理中 ξ 的值．

【**解**】$f(x)$ 是初等函数，它在 $\left[\dfrac{\pi}{3},\dfrac{2\pi}{3}\right]$ 区间上连续；

$f(x)$ 在 $\left(\dfrac{\pi}{3},\dfrac{2\pi}{3}\right)$ 内可导，　$f'(x)=\dfrac{\cos x}{\sin x}=\cot x$；

$f\left(\dfrac{\pi}{3}\right)=f\left(\dfrac{2\pi}{3}\right)=\ln\dfrac{\sqrt{3}}{2}$．

综上所述，$f(x)$ 在 $\left[\dfrac{\pi}{3},\dfrac{2\pi}{3}\right]$ 上满足罗尔定理的条件．

令 $\cot\xi=0$，解得 $\xi=\dfrac{\pi}{2}\in\left(\dfrac{\pi}{3},\dfrac{2\pi}{3}\right)$，　$\dfrac{\pi}{2}$ 即为所求的 ξ 值．

【**例 2**】不求导数，判断函数 $f(x)=x(2x-1)(x-2)$ 的导数方程 $f'(x)=0$ 有几个实根，并判断各个实根所在的范围．

【**解**】由于 $f(x)$ 为多项式函数，故 $f(x)$ 在 $\left[0,\dfrac{1}{2}\right]$，$\left[\dfrac{1}{2},2\right]$ 上连续；在 $\left(0,\dfrac{1}{2}\right)$，$\left(\dfrac{1}{2},2\right)$ 内可导，且 $f(0)=f\left(\dfrac{1}{2}\right)=f(2)=0$，即函数 $f(x)$ 在 $\left[0,\dfrac{1}{2}\right]$，$\left[\dfrac{1}{2},2\right]$ 上分别满足罗尔定理的条件．

由罗尔定理得，在 $\left(0,\dfrac{1}{2}\right)$ 内至少存在一点 ξ_1，使得 $f'(\xi_1)=0$，即 ξ_1 为 $f'(x)=0$ 的一个实根，$\xi_1\in\left(0,\dfrac{1}{2}\right)$．

在 $\left(\dfrac{1}{2},2\right)$ 内至少存在一点 ξ_2，使得 $f'(\xi_2)=0$，即 ξ_2 为 $f'(x)=0$ 的另一个实根，$\xi_2\in\left(\dfrac{1}{2},2\right)$．

又 $f'(x)=0$ 为二次方程，至多有两个实根，故 $f'(x)=0$ 有两个实根，它们分别在 $\left(0,\dfrac{1}{2}\right)$ 及 $\left(\dfrac{1}{2},2\right)$ 内．

【例3】设函数 $f(x)$ 在 $[0,1]$ 上连续,在 $(0,1)$ 内可导,且 $f(0)=f(1)=0$,$f\left(\dfrac{1}{2}\right)=1$,试证:至少存在一点 $\xi\in(0,1)$,使 $f'(\xi)=1$.

【证明】令 $F(x)=f(x)-x$,则 $F(0)=0$,$F\left(\dfrac{1}{2}\right)=\dfrac{1}{2}$,$F(1)=-1$.由闭区间上连续函数的零点定理可知,存在 $\eta\in\left(\dfrac{1}{2},1\right)$,使 $F(\eta)=0$.

根据 $F(0)=0$ 和 $F(\eta)=0$,由罗尔定理可知,至少存在一点 $\xi\in(0,\eta)\subset(0,1)$,使 $F'(\xi)=0$,即 $f'(\xi)=1$.

4.1.2　拉格朗日(Lagrange)中值定理

在实际应用中,一般的函数很难满足罗尔中值定理中 $f(a)=f(b)$ 这个条件,所以其应用受到一定限制.将条件 $f(a)=f(b)$ 去掉,但仍然保留另外两个条件,就得到下面要介绍的拉格朗日中值定理.

拉格朗日(Lagrange)中值定理　如果函数 $f(x)$ 满足:

① 在闭区间 $[a,b]$ 上连续;

② 在开区间 (a,b) 内可导,

那么在 (a,b) 内至少有一点 ξ $(a<\xi<b)$,使得

$$f(b)-f(a)=f'(\xi)(b-a) \tag{1}$$

证明　引进辅助函数

$$\varphi(x)=f(x)-f(a)-\frac{f(b)-f(a)}{b-a}(x-a)$$

容易验证函数 $\varphi(x)$ 满足罗尔定理的条件:$\varphi(a)=\varphi(b)=0$,$\varphi(x)$ 在闭区间 $[a,b]$ 上连续,在开区间 (a,b) 内可导,且 $\varphi'(x)=f'(x)-\dfrac{f(b)-f(a)}{b-a}$.

由罗尔定理可知,在 (a,b) 内至少有一点 ξ,使 $\varphi'(\xi)=0$,即

$$f'(\xi)-\frac{f(b)-f(a)}{b-a}=0$$

由此得 $\dfrac{f(b)-f(a)}{b-a}=f'(\xi)$,即

$$f(b)-f(a)=f'(\xi)(b-a)$$

拉格朗日中值定理的几何意义　若函数 $y=f(x)$ 满足拉格朗日中值定理的两个条件,由图 4-2 可以看出,连接曲线段 $y=f(x)$ $(a\leqslant x\leqslant b)$ 两个端点的直线段 AB 的斜率为 $\dfrac{f(b)-f(a)}{b-a}$,而 $f'(\xi)$ 为曲线在点 C 处的切线的斜率.因此拉格朗日中值定理的几何意义是:如果连续曲线 $y=f(x)$ 上两点 A 和 B 之间的 AB 弧上除端点外处处有不垂直于 x 轴的切线,那么 AB 弧上至少有一点 $C(\xi,f(\xi))$,在该点处曲线的切线平行于 AB 弦(图 4-2 中,曲线上有两点存在平行于 AB 弦的切线).

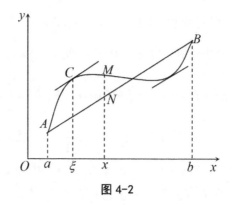

图 4-2

从罗尔定理的几何意义（见图 4-1）可知，由于 $f(a)=f(b)$，AB 弦是平行于 x 轴的，因此点 C 处的切线实际上也平行于 AB 弦．由此可知，罗尔定理是拉格朗日中值定理的特殊情形．

显然，公式（1）在 $b<a$ 时也成立．（1）式称为**拉格朗日中值公式**，使用变量代换法，可得到该公式的其他形式．

因为 ξ 在区间 (a,b) 内，因此可令

$$\xi=a+\theta(b-a)，其中\ 0<\theta<1$$

即可得 $$f(b)-f(a)=f'[a+\theta(b-a)](b-a) \tag{2}$$

设 x 为区间 $[a,b]$ 内一点，$x+\Delta x$ 为这区间内的另一点（$\Delta x>0$ 或 $\Delta x<0$），则在区间 $[x,x+\Delta x]$（当 $\Delta x>0$ 时）或在区间 $[x+\Delta x,x]$（当 $\Delta x<0$ 时），公式（2）变成

$$f(x+\Delta x)-f(x)=f'(x+\theta\cdot\Delta x)\cdot\Delta x \quad (0<\theta<1) \tag{3}$$

这里的数值 θ 在 0 与 1 之间，所以 $x+\theta\cdot\Delta x$ 在 x 与 $x+\Delta x$ 之间．如果记 $f(x)$ 为 y，则（3）式又可写成

$$\Delta y=f'(x+\theta\cdot\Delta x)\cdot\Delta x \quad (0<\theta<1). \tag{4}$$

函数的微分 $\mathrm{d}y=f'(x)\cdot\Delta x$ 是函数的增量 Δy 的近似表达式，一般说来，以 $\mathrm{d}y$ 近似代替 Δy 时所产生的误差只有当 $\Delta x\to 0$ 时才趋于零；而（4）式却给出了自变量取得有限增量 Δx（$|\Delta x|$ 不一定很小）时，函数增量 Δy 的准确表达式，因此拉格朗日中值定理也可以称为**有限增量定理**，（4）式也可以称为**有限增量公式**，它精确地表达了函数在一个区间上的增量与函数在这个区间内某点处的导数之间的关系．

推论 1　如果函数 $f(x)$ 在区间 I 上满足 $f'(x)\equiv 0$（$f'(x)$ 恒等于零），那么 $f(x)=C$（C 为常数）．

证明　在区间 I 上任意取两点 x_1，x_2（$x_1<x_2$），应用（1）式可得

$$f(x_2)-f(x_1)=f'(\xi)(x_2-x_1) \quad (x_1<\xi<x_2)$$

因为 $f'(x)\equiv 0$，所以 $f'(\xi)=0$，从而得到

$$f(x_2)-f(x_1)=0，即\ f(x_2)=f(x_1)$$

因为 x_1，x_2 是 I 上任意的两点，所以上面的等式表明：$f(x)$ 在 I 上的函数值总是相等的，这就是说，$f(x) = C$（C 为常数）.

推论 2　如果函数 $f(x)$ 与 $g(x)$ 在区间 I 上满足 $f'(x) = g'(x)$，则这两个函数至多相差一个常数，即 $f(x) = g(x) + C$（C 为常数）.

【例 4】 证明当 $x > 0$ 时，$\dfrac{x}{1+x} < \ln(1+x) < x$.

【证明】 设 $f(x) = \ln(1+x)$，显然 $f(x)$ 在区间 $[0, x]$ 上满足拉格朗日中值定理的条件，根据定理，应有

$$f(x) - f(0) = f'(\xi)(x - 0)，\quad 0 < \xi < x$$

由于 $f(0) = 0$，$f'(\xi) = \dfrac{1}{1+\xi}$，因此上式即为 $\ln(1+x) = \dfrac{x}{1+\xi}$.

又由 $0 < \xi < x$，所以有 $\dfrac{x}{1+x} < \dfrac{x}{1+\xi} < x$，即 $\dfrac{x}{1+x} < \ln(1+x) < x$.

注意　利用拉格朗日中值定理证明不等式时，可以选择与所要证明的问题相近的函数与区间，再利用拉格朗日中值定理获得结论.

4.1.3　柯西（Cauchy）中值定理

上面已经指出，如果连续曲线 AB 弧上除端点外处处有不垂直于横轴的切线，那么这段弧上至少有一点 C，使曲线在点 C 处的切线平行于 AB 弦.

设 AB 弧由参数方程

$$\begin{cases} X = F(x) \\ Y = f(x) \end{cases} \quad (a \leqslant x \leqslant b)$$

表示（见图 4-3），其中 x 为参数. 那么曲线上的点 (X, Y) 处的切线的斜率为

$$\frac{\mathrm{d}Y}{\mathrm{d}X} = \frac{f'(x)}{F'(x)}$$

AB 弦的斜率为 $\dfrac{f(b) - f(a)}{F(b) - F(a)}$.

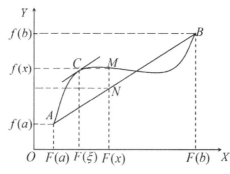

图 4-3

假定点 C 对应于参数 $x=\xi$，那么曲线上点 C 处的切线平行于 AB 弦，可表示为 $\dfrac{f(b)-f(a)}{F(b)-F(a)}=\dfrac{f'(\xi)}{F'(\xi)}$，与这一事实相应的有下述定理.

柯西（Cauchy）中值定理　如果函数 $f(x)$ 及 $F(x)$ 在闭区间 $[a,b]$ 上连续，在开区间 (a,b) 内可导，且 $F'(x)$ 在 (a,b) 内的每一点处均不为零，那么在 (a,b) 内至少有一点 ξ，使等式

$$\frac{f(b)-f(a)}{F(b)-F(a)}=\frac{f'(\xi)}{F'(\xi)} \tag{5}$$

成立.

证明　首先注意 $F(b)-F(a)\neq 0$. 这是因为

$$F(b)-F(a)=F'(\eta)(b-a)$$

其中 $a<\eta<b$，根据条件 $F'(\eta)\neq 0$ 和 $b-a\neq 0$，可得 $F(b)-F(a)\neq 0$.

类似拉格朗日中值定理的证明，如图 4-3 所示，点 M 的纵坐标为 $Y=f(x)$，点 N 的纵坐标为

$$Y=f(a)+\frac{f(b)-f(a)}{F(b)-F(a)}[F(x)-F(a)]$$

构作辅助函数

$$\varphi(x)=f(x)-f(a)-\frac{f(b)-f(a)}{F(b)-F(a)}[F(x)-F(a)]$$

容易验证，这个辅助函数 $\varphi(x)$ 适合罗尔定理的条件：$\varphi(a)=\varphi(b)$；$\varphi(x)$ 在闭区间 $[a,b]$ 上连续，在开区间 (a,b) 内可导且

$$\varphi'(x)=f'(x)-\frac{f(b)-f(a)}{F(b)-F(a)}\cdot F'(x)$$

由罗尔定理可知，在 (a,b) 内必定有一点 ξ，使得 $\varphi'(\xi)=0$，即

$$f'(\xi)-\frac{f(b)-f(a)}{F(b)-F(a)}\cdot F'(\xi)=0$$

由此得

$$\frac{f(b)-f(a)}{F(b)-F(a)}=\frac{f'(\xi)}{F'(\xi)}.$$

很明显，如果取 $F(x)=x$，那么 $F(b)-F(a)=b-a$，$F'(x)=1$，这时公式（5）就可以写成 $f(b)-f(a)=f'(\xi)(b-a)$　$(a<\xi<b)$，这样就变成拉格朗日中值公式了.

练习 4.1

1. 不求出函数 $f(x)=(x-1)(x-2)(x-3)$ 的导数，判断方程 $f'(x)=0$ 有几个实根，并指出这些根所在的区间.

2. 若实数 $a_0,a_1,\cdots,a_n$ 满足 $a_0+\dfrac{a_1}{2}+\dfrac{a_2}{3}+\cdots+\dfrac{a_n}{n+1}=0$. 证明方程 $a_0+a_1x+a_2x^2+\cdots+a_nx^n=0$ 在 $(0,1)$ 内至少有一个实根.

3. 在闭区间 $[0,1]$ 上对函数 $y = 4x^3 - 6x^2 - 2$ 验证拉格朗日中值定理.

4. 已知 $a > b > 0$，$n > 1$，证明：$nb^{n-1}(a-b) < a^n - b^n < na^{n-1}(a-b)$.

5. 已知 $a > b > 0$，证明：$\dfrac{a-b}{a} < \ln \dfrac{a}{b} < \dfrac{a-b}{b}$.

6. 设 $f(x) = \ln x$，$F(x) = x^2$，在区间 $[1,2]$ 上对函数 $f(x)$ 和 $F(x)$ 验证柯西中值定理成立并确定 ξ 的值.

7. 设 $f(x)$ 在 $[a,b]$ 上连续，在 (a,b) 内可导，$0 < a < b$，证明：至少存在一点 $\xi \in (a,b)$，使得 $f(b) - f(a) = \xi \cdot \ln \dfrac{b}{a} \cdot f'(\xi)$.

4.2 洛必达法则

如果当 $x \to a$（或 $x \to \infty$）时，两个函数 $f(x)$ 与 $g(x)$ 都趋于零（或都趋于无穷大），那么极限 $\lim\limits_{\substack{x \to a \\ (x \to \infty)}} \dfrac{f(x)}{g(x)}$ 可能存在，也可能不存在. 通常把这种极限称为未定式，并分别简记为 $\dfrac{0}{0}$ 或 $\dfrac{\infty}{\infty}$.

未定式主要指 $\dfrac{0}{0}$，$\dfrac{\infty}{\infty}$，$0 \cdot \infty$，$\infty - \infty$，0^0，1^∞，∞^0 等几种类型的极限.

对于 $\dfrac{0}{0}$，$\dfrac{\infty}{\infty}$ 的极限，即使它存在也不能用"商的极限等于极限的商"这一法则. 下面介绍通过对分子、分母分别求导数，从而求未定式的值的方法，即**洛必达法则**，它是柯西中值定理的一个重要应用，在极限求法中占有重要的地位.

4.2.1 $x \to a$ 或 $x \to \infty$ 时的 $\dfrac{0}{0}$ 型未定式

定理 如果函数 $f(x)$ 和 $g(x)$ 满足：

① $\lim\limits_{x \to a} f(x) = 0$，$\lim\limits_{x \to a} g(x) = 0$；

② 在点 a 的某去心邻域内，$f'(x)$ 及 $g'(x)$ 都存在且 $g'(x) \neq 0$；

③ $\lim\limits_{x \to a} \dfrac{f'(x)}{g'(x)} = A$ 存在（或为 ∞），

那么 $$\lim\limits_{x \to a} \dfrac{f(x)}{g(x)} = \lim\limits_{x \to a} \dfrac{f'(x)}{g'(x)}.$$

本定理说明,当 $\lim\limits_{x \to a}\dfrac{f'(x)}{g'(x)}$ 存在时, $\lim\limits_{x \to a}\dfrac{f(x)}{g(x)}$ 也存在且等于 $\lim\limits_{x \to a}\dfrac{f'(x)}{g'(x)}$;

当 $\lim\limits_{x \to a}\dfrac{f'(x)}{g'(x)}$ 为无穷大时, $\lim\limits_{x \to a}\dfrac{f(x)}{g(x)}$ 也是无穷大. 这种在一定条件下,通过

对分子分母分别求导再求极限来确定未定式的值的方法称为**洛必达法则**.

证明 因为求 $\dfrac{f(x)}{g(x)}$ 当 $x \to a$ 时的极限与 $f(a)$ 及 $g(a)$ 无关,可以补充定

义: $f(a)=g(a)=0$,于是由条件①和条件②可知, $f(x)$ 及 $g(x)$ 在点 a 的

某一邻域内是连续的. 设 x 是这邻域内的一点,那么在以 x 及 a 为端点的

区间上, $f(x)$ 和 $g(x)$ 均满足柯西中值定理的条件,因此有

$$\frac{f(x)}{g(x)} = \frac{f(x)-f(a)}{g(x)-g(a)} = \frac{f'(\xi)}{g'(\xi)} \quad (\xi \text{ 在 } x \text{ 与 } a \text{ 之间})$$

令 $x \to a$,并对上式两端求极限,注意到 $x \to a$ 时 $\xi \to a$,再根据条件③便得

要证明的结论.

当 $x \to a$ 时,如果 $\dfrac{f'(x)}{g'(x)}$ 仍属于 $\dfrac{0}{0}$ 型未定式,且这时 $f'(x)$, $g'(x)$ 也满

足定理中 $f(x)$, $g(x)$ 满足的条件,那么可以继续使用洛必达法则,即

$$\lim_{x \to a}\frac{f(x)}{g(x)} = \lim_{x \to a}\frac{f'(x)}{g'(x)} = \lim_{x \to a}\frac{f''(x)}{g''(x)}$$

一般地,在满足相关条件的情况下,有以下结论:

$$\lim_{x \to a}\frac{f(x)}{g(x)} = \lim_{x \to a}\frac{f'(x)}{g'(x)} = \lim_{x \to a}\frac{f''(x)}{g''(x)} = \cdots = \lim_{x \to a}\frac{f^{(n)}(x)}{g^{(n)}(x)}$$

【例5】 求下列极限.

① $\lim\limits_{x \to 0}\dfrac{\sin 2x}{\sin 3x}$; ② $\lim\limits_{x \to 1}\dfrac{x^3-3x+2}{x^3-x^2-x+1}$; ③ $\lim\limits_{x \to 0}\dfrac{x-\sin x}{x^3}$.

【解】 ① $\lim\limits_{x \to 0}\dfrac{\sin 2x}{\sin 3x} = \lim\limits_{x \to 0}\dfrac{(\sin 2x)'}{(\sin 3x)'} = \lim\limits_{x \to 0}\dfrac{2\cos 2x}{3\cos 3x} = \dfrac{2}{3}$.

② $\lim\limits_{x \to 1}\dfrac{x^3-3x+2}{x^3-x^2-x+1} = \lim\limits_{x \to 1}\dfrac{3x^2-3}{3x^2-2x-1} = \lim\limits_{x \to 1}\dfrac{6x}{6x-2} = \dfrac{3}{2}$.

③ $\lim\limits_{x \to 0}\dfrac{x-\sin x}{x^3} = \lim\limits_{x \to 0}\dfrac{1-\cos x}{3x^2} = \lim\limits_{x \to 0}\dfrac{\sin x}{6x} = \dfrac{1}{6}$.

注意 在例5的②中, $\lim\limits_{x \to 1}\dfrac{6x}{6x-2}$ 已不是未定式,这时不能再对它应用

洛必达法则,否则将得出错误的结果. 使用洛必达法则时应当注意,只能

对未定式应用该法则.

对于 $x \to \infty$ 时的 $\dfrac{0}{0}$ 型未定式,以及对于 $x \to a$ 或 $x \to \infty$ 时的 $\dfrac{\infty}{\infty}$ 型未定式,

也有相应的洛必达法则. 例如,对于 $x \to \infty$ 时的 $\dfrac{0}{0}$ 型未定式有以下定理.

定理　如果函数 $f(x)$ 和 $g(x)$ 满足：

① $\lim\limits_{x\to\infty}f(x)=0$，$\lim\limits_{x\to\infty}g(x)=0$；

② 存在正数 N，当 $|x|>N$ 时，$f'(x)$ 及 $g'(x)$ 都存在且 $g'(x)\neq 0$；

③ $\lim\limits_{x\to\infty}\dfrac{f'(x)}{g'(x)}=A$ 存在（或为 ∞），

那么　　　　　$\lim\limits_{x\to\infty}\dfrac{f(x)}{g(x)}=\lim\limits_{x\to\infty}\dfrac{f'(x)}{g'(x)}$.

【例 6】求下列极限.

① $\lim\limits_{x\to+\infty}\dfrac{\dfrac{\pi}{2}-\arctan x}{\dfrac{1}{x}}$；

② $\lim\limits_{x\to+\infty}\dfrac{\ln(x+2)-\ln x}{\dfrac{1}{x}}$.

【解】① $\lim\limits_{x\to+\infty}\dfrac{\dfrac{\pi}{2}-\arctan x}{\dfrac{1}{x}}=\lim\limits_{x\to+\infty}\dfrac{-\dfrac{1}{1+x^2}}{-\dfrac{1}{x^2}}=\lim\limits_{x\to+\infty}\dfrac{x^2}{1+x^2}=1$.

② $\lim\limits_{x\to+\infty}\dfrac{\ln(x+2)-\ln x}{\dfrac{1}{x}}=\lim\limits_{x\to+\infty}\dfrac{[\ln(x+2)-\ln x]'}{\left(\dfrac{1}{x}\right)'}$

$=\lim\limits_{x\to+\infty}\dfrac{-\dfrac{2}{x^2+2x}}{-\dfrac{1}{x^2}}=\lim\limits_{x\to+\infty}\dfrac{2x^2}{x^2+2x}=2$.

4.2.2　$x\to a$ 或 $x\to\infty$ 时的 $\dfrac{\infty}{\infty}$ 型未定式

定理　如果 $f(x)$ 和 $g(x)$ 满足：

① $\lim\limits_{\substack{x\to a\\(x\to\infty)}}f(x)=\infty$，$\lim\limits_{\substack{x\to a\\(x\to\infty)}}g(x)=\infty$；

② 当在点 a 的某去心邻域内（或存在某一正数 N，当 $|x|>N$ 时），$f'(x)$ 及 $g'(x)$ 都存在且 $g'(x)\neq 0$；

③ $\lim\limits_{\substack{x\to a\\(x\to\infty)}}\dfrac{f'(x)}{g'(x)}=A$ 存在（或为 ∞），

那么　　　　　$\lim\limits_{\substack{x\to a\\(x\to\infty)}}\dfrac{f(x)}{g(x)}=\lim\limits_{\substack{x\to a\\(x\to\infty)}}\dfrac{f'(x)}{g'(x)}$.

【例 7】已知 n 为正整数，求下列极限.

① $\lim\limits_{x\to+\infty}\dfrac{\ln x}{x^n}$；

② $\lim\limits_{x\to+\infty}\dfrac{x^n}{e^{\lambda x}}$（$\lambda>0$）.

【解】① $\lim\limits_{x\to+\infty}\dfrac{\ln x}{x^n}=\lim\limits_{x\to+\infty}\dfrac{\dfrac{1}{x}}{nx^{n-1}}=\lim\limits_{x\to+\infty}\dfrac{1}{nx^n}=0$.

② 应用 n 次洛必达法则，得

$$\lim_{x\to+\infty}\frac{x^n}{\mathrm{e}^{\lambda x}}=\lim_{x\to+\infty}\frac{nx^{n-1}}{\lambda\mathrm{e}^{\lambda x}}=\lim_{x\to+\infty}\frac{n(n-1)x^{n-2}}{\lambda^2\mathrm{e}^{\lambda x}}=\cdots=\lim_{x\to+\infty}\frac{n!}{\lambda^n\mathrm{e}^{\lambda x}}=0.$$

注意

① 如果例 7 的①中，n 不是正整数而是一个任意的正数，那么 $\lim\limits_{x\to+\infty}\dfrac{\ln x}{x^n}$ 仍为零.

② 当 $x\to+\infty$ 时，对数函数 $\ln x$、幂函数 $x^n(n>0)$、指数函数 $\mathrm{e}^{\lambda x}(\lambda>0)$ 均为无穷大，但从例 7 可以看出，这三个函数增大的"速度"截然不同，幂函数增大的"速度"比对数函数快得多，而指数函数增大的"速度"又比幂函数快得多.

4.2.3　$0\cdot\infty$，$\infty-\infty$，0^0，1^∞，∞^0 型未定式

【例 8】求下列极限.

① $\lim\limits_{x\to0^+}x^n\ln x$　$(n>0)$；

② $\lim\limits_{x\to0}\left[\dfrac{1}{x}-\dfrac{1}{\ln(1+x)}\right]$；

③ $\lim\limits_{x\to0^+}x^x$；

④ $\lim\limits_{x\to1}x^{\frac{x}{x-1}}$；

⑤ $\lim\limits_{x\to+\infty}x^{\frac{1}{x}}$.

【解】① 当 $n>0$ 时，$\lim\limits_{x\to0^+}x^n\ln x$ 是 $0\cdot\infty$ 型未定式.

因为　　　　　　　　$x^n\ln x=\dfrac{\ln x}{\dfrac{1}{x^n}}$，

所以，当 $x\to0^+$ 时，上式右端是 $\dfrac{\infty}{\infty}$ 型未定式，应用洛必达法则，得

$$\lim_{x\to0^+}x^n\ln x=\lim_{x\to0^+}\frac{\ln x}{x^{-n}}=\lim_{x\to0^+}\frac{\dfrac{1}{x}}{-nx^{-n-1}}=\lim_{x\to0^+}\left(\frac{-x^n}{n}\right)=0$$

注意　将 $0\cdot\infty$ 型未定式转化为 $\dfrac{0}{0}$ 或 $\dfrac{\infty}{\infty}$ 型未定式时，对数与反三角函数一般不"下放".

② $\lim\limits_{x\to0}\left[\dfrac{1}{x}-\dfrac{1}{\ln(1+x)}\right]$ 是 $\infty-\infty$ 型未定式.

$$\lim_{x\to0}\left[\frac{1}{x}-\frac{1}{\ln(1+x)}\right]=\lim_{x\to0}\frac{\ln(1+x)-x}{x\ln(1+x)}$$

$$= \lim_{x \to 0} \frac{\ln(1+x) - x}{x^2} \quad (当 x \to 0 时, \quad \ln(1+x) \sim x)$$

$$= \lim_{x \to 0} \frac{[\ln(1+x) - x]'}{(x^2)'} = \lim_{x \to 0} \frac{\dfrac{1}{1+x} - 1}{2x}$$

$$= \lim_{x \to 0} \frac{1 - (1+x)}{2x(1+x)} = -\frac{1}{2}.$$

注意　对 $\infty - \infty$ 型未定式, 例如对于 $\lim\limits_{x \to 0}\left[\cot x - \dfrac{1}{x}\right]$ 等, 可以采用通分、根式有理化、变量替换等方法进行转化.

③ $\lim\limits_{x \to 0^+} x^x$ 是 0^0 型未定式.

设 $y = x^x$, 在等式两边取对数得 $\ln y = x \ln x$, 当 $x \to 0^+$ 时, 上式右端是 $0 \cdot \infty$ 型未定式. 应用①的结果. 得

$$\lim_{x \to 0^+} \ln y = \lim_{x \to 0^+} (x \ln x) = 0$$

因为 $y = e^{\ln y}$, 所以

$$\lim_{x \to 0^+} x^x = \lim_{x \to 0^+} y = \lim_{x \to 0^+} e^{\ln y} = e^{\lim\limits_{x \to 0^+} \ln y} = e^0 = 1$$

④ $\lim\limits_{x \to 1} x^{\frac{x}{x-1}}$ 是 1^∞ 型未定式.

设 $y = x^{\frac{x}{x-1}}$, 在等式两边取对数得 $\ln y = \dfrac{x}{x-1} \ln x$.

$$\lim_{x \to 1} \ln y = \lim_{x \to 1} \frac{x \ln x}{x - 1} = \lim_{x \to 1} \frac{(x \ln x)'}{(x-1)'} = \lim_{x \to 1} \frac{\ln x + 1}{1} = 1$$

所以

$$\lim_{x \to 1} x^{\frac{x}{x-1}} = \lim_{x \to 1} y = \lim_{x \to 1} e^{\ln y} = e^{\lim\limits_{x \to 1} \ln y} = e^1 = e$$

⑤ $\lim\limits_{x \to +\infty} x^{\frac{1}{x}}$ 是 ∞^0 型未定式.

设 $y = x^{\frac{1}{x}}$, 在等式两边取对数得 $\ln y = \dfrac{1}{x} \ln x$.

$$\lim_{x \to +\infty} \ln y = \lim_{x \to +\infty} \frac{1}{x} \ln x = \lim_{x \to +\infty} \frac{(\ln x)'}{(x)'} = \lim_{x \to +\infty} \frac{1}{x} = 0$$

所以

$$\lim_{x \to +\infty} x^{\frac{1}{x}} = \lim_{x \to +\infty} y = \lim_{x \to +\infty} e^{\ln y} = e^{\lim\limits_{x \to +\infty} \ln y} = e^0 = 1$$

注意　对于 $0^0, 1^\infty, \infty^0$ 型未定式常利用**取对数求极限法**.

洛必达法则是求未定式的一种有效方法, 但最好能与其他求极限的方法结合使用, 例如能化简时应尽可能先化简, 应尽可能应用等价无穷小替代或前面介绍的重要极限, 这样可以使运算简捷.

【例 9】 求 $\lim\limits_{x\to 0}\dfrac{\tan x - x}{x^2 \sin x}$.

【解】对本题如果直接用洛必达法则，则求得的分母的导数(尤其是高阶导数)较繁，如果先使用等价无穷小替代，运算就方便多了，运算过程如下：

$$\lim_{x\to 0}\frac{\tan x - x}{x^2 \sin x} = \lim_{x\to 0}\frac{\tan x - x}{x^3} = \lim_{x\to 0}\frac{\sec^2 x - 1}{3x^2}$$

$$= \lim_{x\to 0}\frac{2\sec^2 x \tan x}{6x} = \frac{1}{3}\lim_{x\to 0}\frac{\tan x}{x} = \frac{1}{3}$$

最后要指出，本节的定理给出的是求未定式的方法．当满足定理条件时，所求的极限当然存在(或为 ∞)；但当不满足定理条件时，所求极限也可能存在，这就是说，当 $\lim\dfrac{f'(x)}{g'(x)}$ 不存在时(等于无穷大的情况除外)，$\lim\dfrac{f(x)}{g(x)}$ 仍可能存在(见练习 4.2 第 2 题)．

练习 4.2

1. 利用洛必达法则求下列极限．

① $\lim\limits_{x\to 2}\dfrac{x^2-4}{x-2}$;

② $\lim\limits_{x\to 1}\dfrac{x^3-5x+4}{2x^3-x^2-3x+2}$;

③ $\lim\limits_{x\to 0}\dfrac{e^x - e^{-x}}{\sin x}$;

④ $\lim\limits_{x\to 0}\dfrac{\ln(1+x)}{x}$;

⑤ $\lim\limits_{x\to 0}\dfrac{\tan x - \sin x}{x^3}$;

⑥ $\lim\limits_{x\to 0}\dfrac{\sin x - x}{x \tan x^2}$;

⑦ $\lim\limits_{x\to +\infty}\dfrac{\pi - 2\arctan x}{\ln\left(1+\dfrac{1}{x}\right)}$;

⑧ $\lim\limits_{x\to +\infty}\dfrac{e^x - x}{e^x + x}$;

⑨ $\lim\limits_{x\to 0^+}\dfrac{\ln \sin x}{\ln x}$;

⑩ $\lim\limits_{x\to \frac{\pi}{2}}\dfrac{\tan x}{\tan 5x}$;

⑪ $\lim\limits_{x\to \frac{\pi}{2}}\dfrac{\tan x - 6}{\sec x + 5}$;

⑫ $\lim\limits_{x\to +\infty} x\left(\dfrac{\pi}{2} - \arctan x\right)$;

⑬ $\lim\limits_{x\to 0} x \cot 3x$;

⑭ $\lim\limits_{x\to 1}\left(\dfrac{2}{x^2-1} - \dfrac{1}{x-1}\right)$;

⑮ $\lim\limits_{x\to 0}\left(\dfrac{1}{x} - \dfrac{1}{e^x - 1}\right)$;

⑯ $\lim\limits_{x\to 0^+} x^{\sin x}$;

⑰ $\lim\limits_{x\to 0}(\cos x)^{\frac{1}{x^2}}$;

⑱ $\lim\limits_{x\to \infty} x \ln\dfrac{x-1}{x+1}$.

2. 验证以下事实：下列极限均存在，但是不能用洛必达法则求出．

① $\lim\limits_{x \to 0} \dfrac{x^2 \sin \dfrac{1}{x}}{\sin x}$；

② $\lim\limits_{x \to 0} \dfrac{x + \sin x}{x - \sin x}$．

4.3　函数的单调性与凹凸性

4.3.1　函数单调性的判断

第 1 章已经介绍了函数在区间上单调的概念，用函数单调性的定义判断一个函数是否单调，有时比较困难，而利用导数对函数的单调性进行研究则容易很多．

如果函数 $y = f(x)$ 在 $[a,b]$ 上单调增加（或单调减少），那么它的图像是一条沿 x 轴正向上升（或下降）的曲线．这时，如图 4-4 的左图（右图）所示的函数 $y = f(x)$ 所对应的曲线上各点的切线的斜率非负（非正），即 $y' = f'(x) \geqslant 0 \, (y' = f'(x) \leqslant 0)$．由此可见，函数的单调性与其导数的符号有密切的联系．

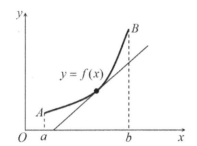
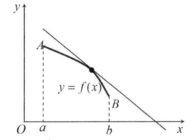

(a) 函数曲线上各点的切线斜率非负　　(b) 函数曲线上各点的切线斜率非正

图 4-4

反过来，能否用导数的符号来判断函数的单调性呢？下面利用拉格朗日中值定理进行讨论．

设函数 $f(x)$ 在 $[a,b]$ 上连续，在 (a,b) 内可导．在 $[a,b]$ 上任意取两点 x_1，x_2（$x_1 < x_2$），应用拉格朗日中值定理，得到

$$f(x_2) - f(x_1) = f'(\xi)(x_2 - x_1) \qquad (x_1 < \xi < x_2)$$

由于在上式中，$x_2 - x_1 > 0$，因此，如果在 (a,b) 内导数 $f'(x)$ 保持正号，即 $f'(x) > 0$，那么也有 $f'(\xi) > 0$，于是 $f(x_2) - f(x_1) = f'(\xi)(x_2 - x_1) > 0$，即 $f(x_1) < f(x_2)$．

上式表明函数 $y = f(x)$ 在 $[a,b]$ 上单调增加．

同理，如果在 (a,b) 内导数 $f'(x)$ 保持负号，即 $f'(x) < 0$，那么 $f'(\xi) < 0$，于是 $f(x_2) - f(x_1) < 0$，即 $f(x_1) > f(x_2)$．

上式表明函数 $y=f(x)$ 在 $[a,b]$ 上单调减少．

归纳以上讨论，可以得函数单调性的判断法．

定理（函数单调性的判断法）　设函数 $y=f(x)$ 在 $[a,b]$ 上连续，在 (a,b) 内可导．

① 如果在 (a,b) 内 $f'(x)>0$，那么函数 $y=f(x)$ 在 $[a,b]$ 上单调增加；

② 如果在 (a,b) 内 $f'(x)<0$，那么函数 $y=f(x)$ 在 $[a,b]$ 上单调减少．

注意　如果在 (a,b) 内 $f'(x)\geqslant 0$（或 $f'(x)\leqslant 0$），且等号仅在个别点处成立，则 $f(x)$ 在 $[a,b]$ 上也单调增加（或减少）．把这个判断法中的闭区间换成其他各种区间（包括无穷区间），结论也成立．

【例10】 ① 判断函数 $y=x-\sin x$ 在 $[-\pi,\pi]$ 上的单调性；

② 讨论函数 $y=e^x-x-1$ 的单调性；

③ 讨论函数 $y=\sqrt[3]{x^2}$ 的单调性．

【解】 ① 函数 $y=x-\sin x$ 在 $[-\pi,\pi]$ 上连续，在 $(-\pi,\pi)$ 内，$y'=1-\cos x\geqslant 0$，仅当 $x=0$ 时 $y'=0$，所以函数 $y=x-\sin x$ 在 $[-\pi,\pi]$ 上单调增加．

② 函数 $y=e^x-x-1$ 的定义域为 $(-\infty,+\infty)$，$y'=e^x-1$，因为在 $(-\infty,0)$ 内 $y'<0$，所以函数 $y=e^x-x-1$ 在 $(-\infty,0]$ 上单调减少；因为在 $(0,+\infty)$ 内 $y'>0$，所以函数 $y=e^x-x-1$ 在 $[0,+\infty)$ 上单调增加．

③ 函数 $y=\sqrt[3]{x^2}$ 的定义域为 $(-\infty,+\infty)$．当 $x\neq 0$ 时，该函数的导数为 $y'=\dfrac{2}{3\sqrt[3]{x}}$，当 $x=0$ 时，函数的导数不存在．在 $(-\infty,0)$ 内，$y'<0$，因此函数 $y=\sqrt[3]{x^2}$ 在 $(-\infty,0]$ 上单调减少；在 $(0,+\infty)$ 内，$y'>0$，因此函数 $y=\sqrt[3]{x^2}$ 在 $[0,+\infty)$ 上单调增加．函数的图像如图 4-5 所示．

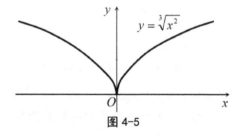

图 4-5

在例 10 的②中，点 $x=0$ 是函数 $y=e^x-x-1$ 的单调减少区间 $(-\infty,0]$ 与单调增加区间 $[0,+\infty)$ 的分界点，而在该点处 $y'=0$．在例 10 的③中，点 $x=0$ 是函数 $y=\sqrt[3]{x^2}$ 的单调减少区间 $(-\infty,0]$ 与单调增加区间 $[0,+\infty)$ 的分界点，而在该点处导数不存在．

由例 10 的②可知，有些函数在它的定义区间上不是单调的，但是当我们用导数等于零的点来划分函数的定义区间以后，就可以使函数在各个部分区间上单调．这个结论对于在定义区间上具有连续导数的函数都是成立的．由例 10 的③可知，如果函数在某些点处不可导，则划分函数的定义区间的分点，还应包括这些导数不存在的点．综合上述两种情形，可以得到以下结论．

如果函数 $f(x)$ 在其定义区间上连续，除去有限个导数不存在的点外，函数的导数都存在且连续，那么只要用 $f'(x)$ 的零点及 $f'(x)$ 不存在的点来划分函数 $f(x)$ 的定义区间，就能保证 $f'(x)$ 在各个部分区间内保持固定的符号，因而函数 $f(x)$ 在每个部分区间上单调.

可以按照下面的步骤来确定函数 $f(x)$ 的单调区间.

① 求出函数 $f(x)$ 的定义域.

② 求 $f'(x)$，找出函数 $f(x)$ 在定义域内的所有驻点(即使得 $f'(x)=0$ 的点)和使得 $f'(x)$ 不存在的点，用这些点将定义域分成若干区间.

③ 讨论在每个区间上 $f'(x)$ 的符号，然后确定函数 $f(x)$ 的单调区间.

【例 11】① 讨论函数 $y=x^3$ 的单调性；

② 确定函数 $f(x)=2x^3-9x^2+12x-3$ 的单调区间.

【解】① 函数 $y=x^3$ 的定义域为 $(-\infty,+\infty)$，函数的导数 $y'=3x^2$. 显然，除了在点 $x=0$ 处 $y'=0$ 外，在其余各点处均有 $y'>0$，因此函数 $y=x^3$ 在区间 $(-\infty,0]$ 及 $[0,+\infty)$ 上都是单调增加的，从而在整个定义域 $(-\infty,+\infty)$ 内是单调增加的. 函数的图像如图 4-6 所示，在点 $x=0$ 处曲线有一水平切线.

② 函数 $f(x)=2x^3-9x^2+12x-3$ 的定义域为 $(-\infty,+\infty)$，函数的导数为

$$f'(x)=6x^2-18x+12=6(x-1)(x-2)$$

解方程 $f'(x)=0$，即解 $6(x-1)(x-2)=0$，得出 $f'(x)$ 在定义域 $(-\infty,+\infty)$ 内的两个驻点 $x_1=1$，$x_2=2$. 这两个驻点把 $(-\infty,+\infty)$ 分成三个部分区间 $(-\infty,1]$，$[1,2]$ 及 $[2,+\infty)$.

在区间 $(-\infty,1)$ 内，$x-1<0$，$x-2<0$，所以 $f'(x)>0$，因此，函数 $f(x)$ 在 $(-\infty,1]$ 内单调增加；在区间 $(1,2)$ 内，$x-1>0$，$x-2<0$，所以 $f'(x)<0$，因此，函数 $f(x)$ 在 $[1,2]$ 上单调减少；在区间 $(2,+\infty)$ 内，$x-1>0$，$x-2>0$，所以 $f'(x)>0$，因此，函数 $f(x)$ 在 $[2,+\infty)$ 上单调增加. 函数的图像如图 4-7 所示.

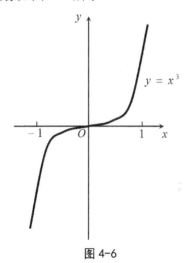

图 4-6

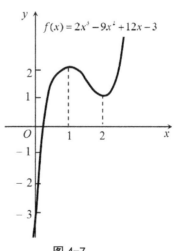

图 4-7

除了能利用导数的符号判断函数在区间上的单调性外，还经常可以用导数的符号证明不等式.

【例12】 ① 证明：当 $x>1$ 时，$2\sqrt{x}>3-\dfrac{1}{x}$；

② 证明：当 $x>0$ 时，$1+\dfrac{1}{2}x>\sqrt{1+x}$.

【证明】 ① 令 $f(x)=2\sqrt{x}-\left(3-\dfrac{1}{x}\right)$，则 $f'(x)=\dfrac{1}{\sqrt{x}}-\dfrac{1}{x^2}=\dfrac{1}{x^2}(x\sqrt{x}-1)$.

$f(x)$ 在 $[1,+\infty)$ 上连续，在 $(1,+\infty)$ 内 $f'(x)>0$，因此在 $[1,+\infty)$ 上 $f(x)$ 严格单调增加，从而当 $x>1$ 时，$f(x)>f(1)$，由于 $f(1)=0$，所以，当 $x>1$ 时，$f(x)>0$，即 $2\sqrt{x}-\left(3-\dfrac{1}{x}\right)>0$，亦即当 $x>1$ 时，$2\sqrt{x}>3-\dfrac{1}{x}$.

② 令 $f(x)=1+\dfrac{1}{2}x-\sqrt{1+x}$，则 $f'(x)=\dfrac{1}{2}-\dfrac{1}{2\sqrt{1+x}}=\dfrac{\sqrt{1+x}-1}{2\sqrt{1+x}}$.

除了当 $x=0$ 时，$f'(x)=0$ 外，当 $x>0$ 时，$f'(x)>0$，所以 $f(x)$ 在 $[0,+\infty)$ 内严格单调增加，即 $x>0$ 时，$f(x)>f(0)=0$.

所以，当 $x>0$ 时，$f(x)=1+\dfrac{1}{2}x-\sqrt{1+x}>0$，即 $x>0$ 时，$1+\dfrac{1}{2}x>\sqrt{1+x}$.

4.3.2 曲线的凹凸性与拐点

上面借助导数研究了函数单调性的判断方法. 函数的单调性反映在函数的图像上，就是曲线的上升或下降. 但仅凭这些还不能准确地描述出函数所对应的曲线的形状，曲线在上升或下降的过程中，还有一个弯曲方向的问题. 例如，图 4-8 中有两条曲线弧，虽然它们对应的函数都是单调上升的，但图像却有显著的不同，$\overset{\frown}{ACB}$ 是向上凸的曲线弧，而 $\overset{\frown}{ADB}$ 是向上凹的曲线弧，它们的凹凸性不同. 下面我们就来研究曲线的凹凸性(也称为函数的凹凸性)及其判断法.

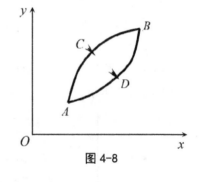

图 4-8

从几何上看，在有的曲线弧上，如果任意取两点，连接这两点间的弦总位于这两点间的弧段的上方，如图 4-9 的左图所示；而有的曲线弧，则正好相反，如图 4-9 的右图所示，曲线的这种性质就是曲线的凹凸性. 曲线的凹凸性可以用连接曲线弧上任意两点的弦的中点与曲线弧上相应点(即具有相同横坐标的点)的位置关系来描述. 下面给出曲线凹凸性的定义.

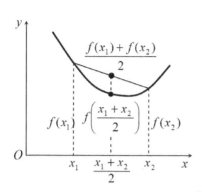 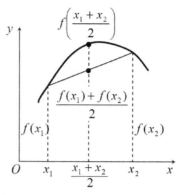

图 4-9

定义　设函数 $f(x)$ 在区间 I 上连续，如果对 I 上任意两点 x_1，x_2，恒有

$$f\left(\frac{x_1+x_2}{2}\right)<\frac{f(x_1)+f(x_2)}{2}$$

则称 $f(x)$ 在 I 上的图形（图像）是（向上）凹的（凹弧）；如果恒有

$$f\left(\frac{x_1+x_2}{2}\right)>\frac{f(x_1)+f(x_2)}{2}$$

则称 $f(x)$ 在 I 上的图形（图像）是（向上）凸的（凸弧）.

如果函数 $f(x)$ 在 I 内具有二阶导数，那么可以利用二阶导数的符号来判断函数图像的凹凸性，这就是下面的函数图形凹凸性的判断定理. 我们仅就 I 为闭区间的情形来叙述定理，当 I 不是闭区间时，有类似的定理.

定理　如果函数 $f(x)$ 在 $[a,b]$ 上连续，在 (a,b) 内有一阶和二阶导数，那么：

① 若在 (a,b) 内 $f''(x)>0$ ，则 $f(x)$ 在 $[a,b]$ 上的图形是凹的；

② 若在 (a,b) 内 $f''(x)<0$ ，则 $f(x)$ 在 $[a,b]$ 上的图形是凸的.

证明　对于情况①，设 x_1，x_2 为 $[a,b]$ 上任意的两点，且 $x_1<x_2$ ，记 $\dfrac{x_1+x_2}{2}=x_0$ ，并记 $x_2-x_0=x_0-x_1=h$ ，则 $x_1=x_0-h$ ，$x_2=x_0+h$ ，由拉格朗日中值公式，得

$$f(x_0+h)-f(x_0)=f'(x_0+\theta_1 h)h$$
$$f(x_0)-f(x_0-h)=f'(x_0-\theta_2 h)h$$

其中 $0<\theta_1<1$ ，$0<\theta_2<1$. 两式相减，得

$$f(x_0+h)+f(x_0-h)-2f(x_0)=[f'(x_0+\theta_1 h)-f'(x_0-\theta_2 h)]h$$

对 $f'(x)$ 在区间 $[x_0-\theta_2 h,x_0+\theta_1 h]$ 上再使用拉格朗日中值公式，得

$$[f'(x_0+\theta_1 h)-f'(x_0-\theta_2 h)]h=f''(\xi)(\theta_1+\theta_2)h^2$$

其中 $x_0-\theta_2 h<\xi<x_0+\theta_1 h$. 按情况①假设，$f''(\xi)>0$ ，故有

$$f(x_0+h)+f(x_0-h)-2f(x_0)>0$$

即

$$\frac{f(x_0+h)+f(x_0-h)}{2}>f(x_0),$$

亦即
$$\frac{f(x_1)+f(x_2)}{2}>f\left(\frac{x_1+x_2}{2}\right).$$

所以 $f(x)$ 在 $[a,b]$ 上的图形是凹的．可以用类似的方法证明情况②．

【例 13】 ① 判断曲线 $y=\ln x$ 的凹凸性；

② 判断曲线 $y=x^3$ 的凹凸性．

【解】 ① 因为 $y'=\dfrac{1}{x}$，$y''=-\dfrac{1}{x^2}<0$，所以函数 $y=\ln x$ 在其定义域 $(0,+\infty)$ 内对应的曲线是凸的．

② $y'=3x^2$，$y''=6x$．

当 $x<0$ 时，$y''<0$，所以曲线 $y=x^3$ 在 $(-\infty,0]$ 内为凸的；

当 $x>0$ 时，$y''>0$，所以曲线 $y=x^3$ 在 $[0,+\infty)$ 内为凹的（参见图 4-6）．

定义 设 $y=f(x)$ 在区间 I 上连续，x_0 是 I 的内点，如果曲线 $y=f(x)$ 在经过点 $(x_0,f(x_0))$ 时，凹凸性发生改变，就称点 $(x_0,f(x_0))$ 为这条曲线的**拐点**．

如何寻找曲线 $y=f(x)$ 的拐点呢？

从曲线的凹凸性判断定理可知，由 $f''(x)$ 的符号可以判断曲线的凹凸性，因此，如果 $f''(x)$ 在点 x_0 的左右邻近两侧异号，那么点 $(x_0,f(x_0))$ 就是一个拐点．所以，要寻找拐点，只要找出 $f''(x)$ 符号发生变化的分界点即可．如果 $f(x)$ 在区间 (a,b) 内具有二阶导数，那么在这样的分界点处必然有 $f''(x)=0$；除此之外，$f(x)$ 的二阶导数不存在的点，也有可能是 $f''(x)$ 的符号发生变化的分界点．

由此得到判断曲线凹凸性与拐点的一般步骤如下．

① 确定函数的定义域．

② 求 $f''(x)$，并找出定义域内使 $f''(x)=0$ 或 $f''(x)$ 不存在的点．

③ 对于②中求出的每一个点（设为 x_0），检查 $f''(x)$ 在 x_0 左右两侧邻近的符号，当两侧的符号相反时，点 $(x_0,f(x_0))$ 是拐点；当两侧的符号相同时，点 $(x_0,f(x_0))$ 不是拐点．

【例 14】 ① 求曲线 $y=2x^3+3x^2-12x+14$ 的拐点；

② 求曲线 $y=3x^4-4x^3+1$ 的拐点及凹、凸的区间；

③ 曲线 $y=x^4$ 是否有拐点？

④ 求曲线 $y=\sqrt[3]{x}$ 的拐点．

【解】 ① $y'=6x^2+6x-12$，$y''=12x+6=12\left(x+\dfrac{1}{2}\right)$．

解方程 $y''=0$，得 $x=-\dfrac{1}{2}$．

当 $x < -\dfrac{1}{2}$ 时，$y'' < 0$；当 $x > -\dfrac{1}{2}$ 时，$y'' > 0$．因此，点 $\left(-\dfrac{1}{2}, 20\dfrac{1}{2}\right)$ 是曲线 $y = 2x^3 + 3x^2 - 12x + 14$ 的拐点.

② 函数 $y = 3x^4 - 4x^3 + 1$ 的定义域为 $(-\infty, +\infty)$．

$$y' = 12x^3 - 12x^2, \quad y'' = 36x^2 - 24x = 36x\left(x - \dfrac{2}{3}\right)$$

解方程 $y'' = 0$，得 $x_1 = 0, x_2 = \dfrac{2}{3}$．

$x_1 = 0$ 及 $x_2 = \dfrac{2}{3}$ 把函数的定义域 $(-\infty, +\infty)$ 分成三个区间：

$$(-\infty, 0], \quad \left[0, \dfrac{2}{3}\right], \quad \left[\dfrac{2}{3}, +\infty\right)$$

在 $(-\infty, 0)$ 内，$y'' > 0$，因此在区间 $(-\infty, 0]$ 上曲线 $y = 3x^4 - 4x^3 + 1$ 是凹的；

在 $\left(0, \dfrac{2}{3}\right)$ 内，$y'' < 0$，因此在区间 $\left[0, \dfrac{2}{3}\right]$ 上曲线 $y = 3x^4 - 4x^3 + 1$ 是凸的；

在 $\left(\dfrac{2}{3}, +\infty\right)$ 内，$y'' > 0$，因此在区间 $\left[\dfrac{2}{3}, +\infty\right)$ 上曲线 $y = 3x^4 - 4x^3 + 1$ 是凹的．

当 $x = 0$ 时，$y = 1$，点 $(0, 1)$ 是这曲线的一个拐点．当 $x = \dfrac{2}{3}$ 时，$y = \dfrac{11}{27}$，点 $\left(\dfrac{2}{3}, \dfrac{11}{27}\right)$ 也是这条曲线的一个拐点．

③ $y' = 4x^3$，$y'' = 12x^2$．

显然，只有 $x = 0$ 是方程 $y'' = 0$ 的根，但当 $x \ne 0$ 时，总有 $y'' > 0$，因此点 $(0, 0)$ 不是这曲线的拐点．

曲线 $y = x^4$ 没有拐点，它在 $(-\infty, +\infty)$ 内是凹的．

④ 函数 $y = \sqrt[3]{x}$ 在 $(-\infty, +\infty)$ 内连续，当 $x \ne 0$ 时，$y' = \dfrac{1}{3\sqrt[3]{x^2}}$，$y'' = -\dfrac{2}{9x\sqrt[3]{x^2}}$．

当 $x = 0$ 时，y' 和 y'' 都不存在．二阶导数在 $(-\infty, +\infty)$ 内不连续且不具有零点．点 $x = 0$ 把 $(-\infty, +\infty)$ 分成两个区间：$(-\infty, 0]$ 和 $[0, +\infty)$．

在 $(-\infty, 0)$ 内，$y'' > 0$，因此曲线 $y = \sqrt[3]{x}$ 在 $(-\infty, 0]$ 上是凹的；在 $(0, +\infty)$ 内，$y'' < 0$，因此曲线 $y = \sqrt[3]{x}$ 在 $[0, +\infty)$ 上是凸的．

当 $x = 0$ 时，$y = 0$，点 $(0, 0)$ 是曲线 $y = \sqrt[3]{x}$ 的一个拐点．

练习 4.3

1. 确定下列函数的单调区间.

① $y = 2x^3 - 6x^2 - 18x - 7$；　　　　② $y = x^3 - 3x + 2$；

③ $y = 2x + \dfrac{8}{x}$;   ④ $y = \dfrac{x}{2} - \ln x$.

2. 证明下列不等式.

① 对任何实数 x, 有 $e^x \geqslant 1 + x$;

② 当 $x > 4$ 时, $2^x > x^2$;

③ 当 $0 < x < \dfrac{\pi}{2}$ 时, $\sin x + \tan x > 2x$.

3. 求下列函数所对应的曲线的凹、凸区间及拐点.

① $y = x^4 - 2x^3 + 1$;   ② $y = xe^x$.

4. 利用函数的凹凸性证明下列不等式.

① $\dfrac{1}{2}(x^3 + y^3) > \left(\dfrac{x + y}{2}\right)^3$ $(x > 0, y > 0, x \neq y)$;

② $\dfrac{1}{2}(\ln x + \ln y) < \ln \dfrac{x + y}{2}$ $(x > 0, y > 0, x \neq y)$.

4.4   函数的极值、最值及应用

4.4.1   函数的极值

由例 11 的②可知, 点 $x = 1$ 及 $x = 2$ 是函数
$$f(x) = 2x^3 - 9x^2 + 12x - 3$$
的单调区间的分界点. 例如, 在点 $x = 1$ 的左侧邻近处, 函数 $f(x)$ 单调增加, 在点 $x = 1$ 的右侧邻近处, 函数 $f(x)$ 单调减少. 因此, 存在点 $x = 1$ 的一个去心邻域, 对于这去心邻域内的任何一点 x, $f(x) < f(1)$ 均成立. 类似地, 关于点 $x = 2$, 也存在一个去心邻域, 对于这去心邻域内的任何一点 x, $f(x) > f(2)$ 均成立. 这种如 $x = 1$ 及 $x = 2$ 的点, 在应用上有着重要的意义, 下面对这种现象进行一般性讨论.

定义   设函数 $f(x)$ 在点 x_0 的某邻域 $U(x_0)$ 内有定义, 如果对于点 x_0 的去心邻域 $\overset{\circ}{U}(x_0)$ 内的任何一点 x, 总有
$$f(x) < f(x_0) \quad (\text{或 } f(x) > f(x_0))$$
则称 $f(x_0)$ 是函数 $f(x)$ 的一个极大值(或极小值), 称 x_0 为函数 $f(x)$ 的极大(或极小)值点(统称为极值点).

注意

① **函数的极大值和极小值是局部性概念.** 因为, 如果 $f(x_0)$ 是函数 $f(x)$ 的一个极大值, 则它只是点 x_0 附近一个局部范围内 $f(x)$ 的性质, 就 $f(x)$ 的整个定义域来说, $f(x_0)$ 不一定是最大值. 关于极小值也类似.

② **若函数有极值，则其极值不一定唯一.** 在图 4-10 中，函数 $f(x)$ 有两个极大值 $f(x_2)$ 和 $f(x_5)$，三个极小值 $f(x_1)$，$f(x_4)$ 和 $f(x_6)$. 其中极大值 $f(x_2)$ 比极小值 $f(x_6)$ 还小. 就整个区间 $[a, b]$ 来说，只有极小值 $f(x_1)$ 同时也是最小值，而没有一个极大值是最大值.

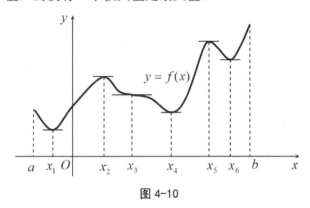

图 4-10

③ 从图 4-10 还可知，在函数取得极值处，曲线上的切线是水平的；但曲线上有水平切线的地方，函数不一定取得极值. 例如，在图 4-10 中的点 $x = x_3$ 处，曲线也有水平切线，但 $f(x_3)$ 不是极值.

由本章 4.1 节中的费马引理可知，如果函数 $f(x)$ 在点 x_0 处可导，且 $f(x)$ 在点 x_0 处取得极值，那么 $f'(x_0) = 0$，这就是函数取得极值的必要条件，现将此结论叙述成如下的定理.

定理（极值存在的必要条件） 设函数 $f(x)$ 在点 x_0 处可导，且在点 x_0 处取得极值，那么函数在点 x_0 处的导数为 0，即 $f'(x_0) = 0$.

上述定理表明，若 $f(x_0)$ 为函数 $f(x)$ 的极值且 $f'(x_0)$ 存在，则曲线 $y = f(x)$ 在点 $(x_0, f(x_0))$ 处必有水平切线.

注意

① **可导函数的极值点一定是它的驻点**，但反过来则不一定成立. 例如，$f(x) = x^3$ 的导数 $f'(x) = 3x^2$，$f'(0) = 0$，因此点 $x = 0$ 是这个可导函数的驻点，但是点 $x = 0$ 不是这个函数的极值点.

② 对于导数不存在的连续点，函数也可能取得极值. 例如，函数 $y = |x|$ 在点 $x = 0$ 处导数不存在，但在该点却取得极小值 0.

综上所述，函数 $f(x)$ 可能的极值点在 $f'(x) = 0$ 或 $f'(x)$ 不存在的点中，下面给出函数极值的判断法.

定理（极值判断第一充分条件） 设函数 $f(x)$ 在点 x_0 处连续，且在点 x_0 的某去心邻域 $\mathring{U}(x_0, \delta)$ 内可导.

① 如果当 $x \in (x_0 - \delta, x_0)$ 时，$f'(x) > 0$；当 $x \in (x_0, x_0 + \delta)$ 时，$f'(x) < 0$，那么函数 $f(x)$ 在点 x_0 处取得极大值；

② 如果当 $x \in (x_0 - \delta, x_0)$ 时，$f'(x) < 0$；当 $x \in (x_0, x_0 + \delta)$ 时，$f'(x) > 0$，那么函数 $f(x)$ 在点 x_0 处取得极小值；

③ 如果当 $x \in \overset{\circ}{U}(x_0, \delta)$ 时，$f'(x)$ 的符号保持不变，那么 $f(x)$ 在点 x_0 处没有极值.

证明 事实上，就情况①来说，根据函数单调性的判断法，函数 $f(x)$ 在 $(x_0 - \delta, x_0)$ 内单调增加，在 $(x_0, x_0 + \delta)$ 内单调减少，又由于函数 $f(x)$ 在点 x_0 处连续，故当 $x \in \overset{\circ}{U}(x_0, \delta)$ 时，总有 $f(x) < f(x_0)$，因此 $f(x_0)$ 是 $f(x)$ 的一个极大值，如图 4-11 的左图所示.

类似地，可论证情况②及情况③，如图 4-11 的右图和图 4-12 所示.

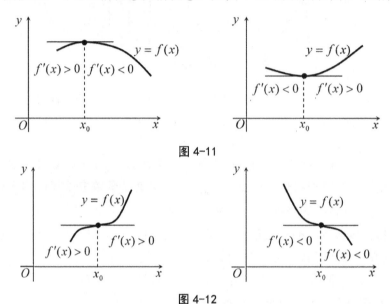

图 4-11

图 4-12

极值判断第一充分条件定理也可简单地叙述为：当 x 在点 x_0 的邻近渐增地经过 x_0 时，如果 $f'(x)$ 的符号由正变负．那么 $f(x)$ 在点 x_0 处取得极大值；如果 $f'(x)$ 的符号由负变正，那么 $f(x)$ 在点 x_0 处取得极小值；如果 $f'(x)$ 的符号不改变，那么 $f(x)$ 在点 x_0 处没有极值.

根据上面叙述的两个定理，如果函数 $f(x)$ 在所讨论的区间内各点处都有导数，可以按下列步骤来求 $f(x)$ 的极值点和极值.

① 求出导数 $f'(x)$.

② 求出 $f(x)$ 的全部驻点（即求出方程 $f'(x) = 0$ 在所讨论的区间内的全部实根）与不可导点.

③ 考察在每个驻点或不可导点的左、右邻近处 $f'(x)$ 的正负，以便确定该点是否是极值点，如果是极值点，还要按极值判断第一充分条件定理确定对应的函数值是极大值还是极小值.

④ 求出各极值点处的函数值，即可得到函数 $f(x)$ 的全部极值.

【例 15】① 求函数 $f(x)=x^3-3x^2-9x+5$ 的极值；

② 求函数 $f(x)=(x-4)\sqrt[3]{(x+1)^2}$ 的极值.

【解】① 函数 $f(x)=x^3-3x^2-9x+5$ 的定义域为 $(-\infty,+\infty)$.

$f'(x)=3x^2-6x-9=3(x+1)(x-3)$，令 $f'(x)=0$，求得驻点 $x_1=-1$，$x_2=3$.

在 $(-\infty,-1)$ 内，$f'(x)>0$；在 $(-1,3)$ 内，$f'(x)<0$，故 $x=-1$ 是一个极大值点；在 $(3,+\infty)$ 内，$f'(x)>0$，故 $x=3$ 是一个极小值点.

因此函数 $f(x)$ 有极大值 $f(-1)=10$，有极小值 $f(3)=-22$.

② 函数 $f(x)=(x-4)\sqrt[3]{(x+1)^2}$ 的定义域为 $(-\infty,+\infty)$.

$f'(x)=\dfrac{5(x-1)}{3\sqrt[3]{x+1}}$，令 $f'(x)=0$，求得驻点 $x=1$；另外可知 $x=-1$ 为 $f(x)$ 的不可导点.

在 $(-\infty,-1)$ 内，$f'(x)>0$；在 $(-1,1)$ 内，$f'(x)<0$，故不可导点 $x=-1$ 是一个极大值点；又在 $(1,+\infty)$ 内，$f'(x)>0$，故驻点 $x=1$ 是一个极小值点.

因此函数 $f(x)$ 有极大值 $f(-1)=0$，有极小值 $f(1)=-3\sqrt[3]{4}$.

当函数 $f(x)$ 在驻点处的二阶导数存在且不为零时，也可以用下述定理判断 $f(x)$ 在驻点处取得极大值还是极小值.

定理（极值判断第二充分条件）　设函数 $f(x)$ 在点 x_0 处有二阶导数且 $f'(x_0)=0$，$f''(x_0)\neq 0$，那么：

① 当 $f''(x_0)<0$ 时，函数 $f(x)$ 在点 x_0 处取得极大值；

② 当 $f''(x_0)>0$ 时，函数 $f(x)$ 在点 x_0 处取得极小值.

证明　对于情况①，由于 $f''(x_0)<0$，按二阶导数的定义有

$$f''(x_0)=\lim_{x\to x_0}\frac{f'(x)-f'(x_0)}{x-x_0}<0$$

根据函数极限的局部保号性，当 x 在点 x_0 的足够小的去心邻域内时

$$\frac{f'(x)-f'(x_0)}{x-x_0}<0$$

但 $f'(x_0)=0$，所以上式即

$$\frac{f'(x)}{x-x_0}<0$$

从上式可知，对于上面提到的点 x_0 的去心邻域内的 x 来说，$f'(x)$ 与 $x-x_0$ 符号相反. 因此，当 $x-x_0<0$，即 $x<x_0$ 时，$f'(x)>0$；当 $x-x_0>0$，即 $x>x_0$ 时，$f'(x)<0$，所以 $f(x)$ 在点 x_0 处取得极大值.

类似地，可以证明情况②.

极值判断第二充分条件定理表明，如果函数 $f(x)$ 在驻点 x_0 处的二阶导数 $f''(x_0)\neq 0$，那么该驻点 x_0 一定是极值点，并且可以按二阶导数 $f''(x)$ 的符号来判断 $f(x_0)$ 是极大值还是极小值. 但如果 $f''(x_0)=0$，就不能应用该定理进行判断了，此时可改用极值判断第一充分条件定理进行判断.

【例16】① 求函数 $f(x)=x^3-3x$ 的极值；

② 求函数 $f(x)=(x^2-1)^3+1$ 的极值.

【解】① $f'(x)=3x^2-3=3(x-1)(x+1)$，$f''(x)=6x$.

令 $f'(x)=0$，求得驻点 $x_1=-1$，$x_2=1$；$f''(-1)=-6<0$，$f(-1)=2$ 为函数 $f(x)$ 的一个极大值；$f''(1)=6>0$，$f(1)=-2$ 为函数 $f(x)$ 的一个极小值.

② $f'(x)=6x(x^2-1)^2$，$f''(x)=6(x^2-1)(5x^2-1)$.

令 $f'(x)=0$，求得驻点 $x_1=-1$，$x_2=0$，$x_3=1$.

因 $f''(0)=6>0$，故 $f(x)$ 在点 $x=0$ 处取得极小值，极小值为 $f(0)=0$.

因 $f''(-1)=f''(1)=0$，用极值判断第二充分条件定理无法进行判断. 考察一阶导数 $f'(x)$ 在驻点 $x_1=-1$ 及 $x_3=1$ 左右邻近的符号：当 x 取点-1 左侧邻近的值时，$f'(x)<0$；当 x 取点-1 右侧邻近的值时，$f'(x)<0$，因为 $f'(x)$ 的符号没有改变，所以 $f(x)$ 在点 $x=-1$ 处没有极值. 同理，$f(x)$ 在点 $x=1$ 处也没有极值，如图 4-13 所示.

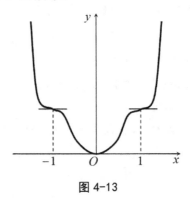

图 4-13

注意 用极值判断第一充分条件定理可以判断一阶导数等于零的点和导数不存在的点是否为极值点，用极值判断第二充分条件定理只能判断一阶导数等于零和二阶导数不等于零的点的极值情况.

4.4.2 函数的最大值与最小值

在工农业生产、工程技术及科学实验中，经常遇到这样的问题：在一定条件下，怎样使"产品最多""用料最省""成本最低""效率最高"等，这类问题在数学上有时可归结为求某一函数(通常称为目标函数)的最大值或最小值问题. 函数的最大值和最小值统称函数的**最值**. 显然，函数的最值是指函数在某区间上的最大值和最小值，因此最值是一个整体性的概念；函数的极大值和极小值是指函数在某点的邻域内的最大值和最小值，因此极值是一个局部性的概念.

1. 目标函数在闭区间上连续

假定函数 $f(x)$ 在闭区间 $[a,b]$ 上连续，在开区间 (a,b) 内可导，且至多在有限个点处导数为零或不可导. 在上述条件下，讨论如何求 $f(x)$ 在 $[a,b]$ 上的最大值和最小值.

首先，由闭区间上连续函数的性质可知，$f(x)$ 在 $[a,b]$ 上一定存在最大值和最小值.

其次，如果最大值（或最小值）$f(x_0)$ 在开区间 (a,b) 内的点 x_0 处取得，那么，按 $f(x)$ 在开区间内除有限个点不可导且至多存在有限个驻点的假定可知，$f(x_0)$ 一定也是 $f(x)$ 的极大值（或极小值），从而 x_0 一定是 $f(x)$ 的驻点或不可导点. 另外，$f(x)$ 的最大值和最小值也可能在区间的端点处取得. 因此，可用下述方法求 $f(x)$ 在 $[a,b]$ 上的最大值和最小值.

① 求出 $f(x)$ 在 (a,b) 内的驻点 x_1，x_2，…，x_m 及不可导点 x_1'，x_2'，…，x_n'.

② 计算 $f(x_i)$（$i=1,2,\cdots,m$），$f(x_j')$（$j=1,2,\cdots,n$）及 $f(a)$，$f(b)$ 的值.

③ 比较在②中求得的诸值的大小，其中最大的便是 $f(x)$ 在 $[a,b]$ 上的最大值，最小的便是 $f(x)$ 在 $[a,b]$ 上的最小值.

【例 17】求函数 $f(x) = x^3 - 3x^2 - 9x + 5$ 在 $[-2,4]$ 上的最大值与最小值.

【解】$f(x)$ 在 $[-2,4]$ 上连续，故 $f(x)$ 在 $[-2,4]$ 上存在最大值与最小值.

令 $f'(x) = 3x^2 - 6x - 9 = 3(x+1)(x-3) = 0$，得驻点 $x = -1$ 和 $x = 3$.

因为 $f(-1)=10$，$f(3) = -22$，$f(-2)=3$，$f(4)=15$，所以 $f(x)$ 在点 $x = -1$ 处取得最大值 10，在点 $x = 3$ 处取得最小值 -22.

【例 18】铁路线上 AB 段的距离为 100km，工厂 C 距 A 处 20km，AC 垂直于 AB，如图 4-14 所示. 现在要在 AB 线上选定一点 D 向工厂 C 修筑一条公路. 已知铁路每公里货运的运费与公路每公里货运的运费之比为 $3:5$. 问 D 点应选在何处，才能使货物从供应站 B 运到工厂 C 的运费最省？

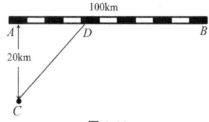

图 4-14

【解】以 km 为单位，设 $AD = x$，那么 $DB = 100 - x$，则
$$CD = \sqrt{20^2 + x^2} = \sqrt{400 + x^2}$$

由于铁路每公里货运的运费与公路每公里货运的运费之比为 3:5，因此不妨设铁路每公里的运费为 $3k$，公路每公里的运费为 $5k$（k 为某个正数，因它与本题的解无关，所以不必具体定出其值）。设从 B 点到 C 点需要的总运费为 y，那么

$$y = 5k \cdot CD + 3k \cdot DB$$

即 $$y = 5k\sqrt{400 + x^2} + 3k(100 - x) \quad (0 \leqslant x \leqslant 100).$$

现在，问题归结为：求 x 在 $[0, 100]$ 内取何值时目标函数 y 的值最小.

y 对 x 的导数为 $$y' = k\left(\frac{5x}{\sqrt{400 + x^2}} - 3\right).$$

解方程 $y' = 0$，得 $x = 15$.

由于 $y|_{x=0} = 400k$，$y|_{x=15} = 380k$，$y|_{x=100} = 500k\sqrt{1 + \frac{1}{25}}$，以 $y|_{x=15} = 380k$ 为最小，因此，当 $AD = x = 15\,\text{km}$ 时，总运费最省.

2. 目标函数在开区间内连续

开区间内的连续函数不一定有最大值和最小值，即使有最大值和最小值，也不能用上述方法求出，但是如果函数满足下列两个条件：

① $f(x)$ 在开区间内有且仅有最大（小）值；

② $f(x)$ 在开区间内只有一个可能取得极值的点.

那么就可断定这个极值点一定是函数的最大（小）值点.

【例 19】欲建造一个容积为 $300\,\text{m}^3$ 的无盖圆柱形蓄水池，已知池底的单位造价为池壁单位造价的两倍，问怎样设计蓄水池的尺寸，才能使总造价最低？

【解】设蓄水池池壁的单位造价为 k 元，总造价为 W 元，底面圆半径为 $r(\text{m})$，高为 $h(\text{m})$，则池底的单位造价为 $2k$ 元，高 $h = \frac{300}{\pi r^2}(\text{m})$，据此得到总造价为

$$W = 2k \cdot \pi r^2 + k \cdot 2\pi rh = 2k\left(\pi r^2 + \frac{300}{r}\right) \quad (r > 0，常数 k > 0)$$

令 $W' = 2k\frac{2\pi r^3 - 300}{r^2} = 0$，在 $(0, +\infty)$ 内求得唯一驻点 $r = \sqrt[3]{\frac{150}{\pi}}$，如果 W 有最值，则一定在这个唯一的驻点处取得.

由本问题的实际意义可知，一定存在最低的蓄水池总造价，即 W 一定存在最小值，该最小值在 $r = \sqrt[3]{\frac{150}{\pi}}$ 处取得，此时 $h = \frac{300}{\pi r^2} = \frac{300r}{\pi r^3} = \frac{300r}{\pi \frac{150}{\pi}} = 2r$.

故当蓄水池的底面圆半径 $r = \sqrt[3]{\dfrac{150}{\pi}}$ (m)，高等于底面圆直径时，可使总造价最低.

练习 4.4

1. 求下列函数的极值.

① $f(x) = x^2 - 2x + 5$；　　　　　② $f(x) = 2x^3 - 3x^2 + 6$；

③ $f(x) = x - \dfrac{3}{2} x^{\frac{2}{3}}$；　　　　　④ $f(x) = x - \ln(1 + x)$.

2. 当 a 为何值时，函数 $f(x) = a \sin x + \dfrac{1}{3} \sin 3x$ 在 $x = \dfrac{\pi}{3}$ 处取得极值？它是极大值还是极小值？求此极值.

3. 求下列函数的最值.

① $y = x^4 - 2x^2 + 5$，$x \in [-2, 3]$；　　② $y = x - \sqrt{x-1}$，$x \in [1, 5]$.

4. 在半径为 R 的半圆内作一内接矩形，问怎样设计能使内接矩形的面积最大？

5. 某厂在一个月生产 Q 件某产品时，总成本费为 $C(Q) = 5Q + 200$（万元），得到的收入为 $R(Q) = 10Q - 0.01Q^2$（万元），问一个月生产多少件产品，所获的利润最大？

6. 某防空洞的截面为一个矩形和其上方的一个半圆组成，如图 4-15 所示，截面的面积为 $5m^2$，问底宽 x 为多少时才能使截面的周长最小，从而使建造防空洞时所用的材料最省？

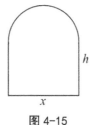

图 4-15

4.5　描绘函数图像

使用函数的图像能直观地表示出变量之间的联系和变化规律. 为了更好地描绘函数的图像，除了要利用前几节介绍的内容外，还需要考虑曲线的渐近线.

4.5.1　曲线的渐近线

一个动点沿曲线运动，当它的横坐标趋于某个定值或趋于无穷大时，如果曲线与某一定直线的距离趋于零，则称此直线为曲线的一条**渐近线**.

并不是所有曲线都有渐近线，下面讨论三种形式的渐近线．

1. 水平渐近线

如果函数 $y = f(x)$ 满足 $\lim\limits_{\substack{x \to \infty \\ (x \to +\infty) \\ (x \to -\infty)}} f(x) = C$，则称直线 $y = C$ 是曲线 $y = f(x)$

的水平渐近线．

例如，因为 $\lim\limits_{x \to \infty} \dfrac{1}{x} = 0$，所以直线 $y = 0$ 是曲线 $y = \dfrac{1}{x}$ 的水平渐近线．

【例 20】求曲线 $y = x e^{-x}$ 的水平渐近线．

【解】因为 $\lim\limits_{x \to +\infty} x e^{-x} = \lim\limits_{x \to +\infty} \dfrac{x}{e^x} = \lim\limits_{x \to +\infty} \dfrac{1}{e^x} = 0$，故 $y = 0$ 为曲线的水平渐近

线．

2. 铅直渐近线

如果函数 $y = f(x)$ 满足 $\lim\limits_{\substack{x \to x_0 \\ (x \to x_0^+) \\ (x \to x_0^-)}} f(x) = \infty$，则称直线 $x = x_0$ 是曲线 $y = f(x)$

的铅直渐近线．

例如，直线 $x = 1$ 是曲线 $y = \dfrac{1}{x-1}$ 的铅直渐近线，因为 $\lim\limits_{x \to 1} \dfrac{1}{x-1} = \infty$．

【例 21】求曲线 $y = \dfrac{\ln(1+x)}{x}$ 的水平渐近线和铅直渐近线．

【解】$y = \dfrac{\ln(1+x)}{x}$ 的定义域是 $(-1, 0) \bigcup (0, +\infty)$．由于

$$\lim\limits_{x \to +\infty} \frac{\ln(1+x)}{x} = 0, \quad \lim\limits_{x \to -1^+} \frac{\ln(1+x)}{x} = +\infty$$

所以曲线 $y = \dfrac{\ln(1+x)}{x}$ 有水平渐近线 $y = 0$ 和铅直渐近线 $x = -1$．

3. 斜渐近线

如果函数 $y = f(x)$ 满足

$$\lim\limits_{x \to +\infty} [f(x) - (ax + b)] = 0 \quad \text{或} \quad \lim\limits_{x \to -\infty} [f(x) - (ax + b)] = 0$$

其中 a 和 b 是常数，且 $a \neq 0$，则称直线 $y = ax + b$ 是曲线 $y = f(x)$ 的**斜渐近线**．下面给出求 a, b 的公式．

如果曲线 $y = f(x)$ 有斜渐进线 $y = ax + b$，则函数必同时满足以下两点：

① $\lim\limits_{x \to +\infty} [f(x) - ax] = b$ 或 $\lim\limits_{x \to -\infty} [f(x) - ax] = b$；

② $\lim\limits_{x \to +\infty} \left(\dfrac{f(x)}{x} - a \right) = 0$ 或 $\lim\limits_{x \to -\infty} \left(\dfrac{f(x)}{x} - a \right) = 0$，

即 $\lim\limits_{x \to +\infty} \dfrac{f(x)}{x} = a$ 或 $\lim\limits_{x \to -\infty} \dfrac{f(x)}{x} = a$．

所以

$$a = \lim_{x \to +\infty} \frac{f(x)}{x} \qquad 或 \qquad a = \lim_{x \to -\infty} \frac{f(x)}{x}$$

$$b = \lim_{x \to +\infty} \left[f(x) - ax \right] \quad 或 \qquad b = \lim_{x \to -\infty} \left[f(x) - ax \right]$$

如果 $\lim\limits_{\substack{x \to +\infty \\ (x \to -\infty)}} \dfrac{f(x)}{x}$ 不存在，或 $\lim\limits_{\substack{x \to +\infty \\ (x \to -\infty)}} \dfrac{f(x)}{x}$ 存在而 $\lim\limits_{\substack{x \to +\infty \\ (x \to -\infty)}} \left[f(x) - ax \right]$ 不存在，

则曲线 $y = f(x)$ 不存在斜渐近线.

【例 22】① 求曲线 $y = \dfrac{3x^3 + 2x}{x^2 - 1}$ 的斜渐近线；

② 求曲线 $y = \dfrac{x^2}{x+1}$ 的渐近线；

③ 求曲线 $y = x + \ln x$ 的渐近线.

【解】① $a = \lim\limits_{x \to \infty} \dfrac{f(x)}{x} = \lim\limits_{x \to \infty} \dfrac{3x^2 + 2}{x^2 - 1} = 3$,

$$b = \lim_{x \to \infty} \left[f(x) - ax \right] = \lim_{x \to \infty} \left(\frac{3x^3 + 2x}{x^2 - 1} - 3x \right) = 0 .$$

所以，直线 $y = 3x$ 是曲线 $y = \dfrac{3x^3 + 2x}{x^2 - 1}$ 的斜渐近线.

② 因为 $\lim\limits_{x \to -1} \dfrac{x^2}{x+1} = \infty$，所以直线 $x = -1$ 是曲线 $y = \dfrac{x^2}{x+1}$ 的铅直渐近线.

又因为

$$\lim_{x \to \infty} \frac{f(x)}{x} = \lim_{x \to \infty} \frac{x}{x+1} = 1 = a$$

$$\lim_{x \to \infty} \left[f(x) - ax \right] = \lim_{x \to \infty} \left(\frac{x^2}{x+1} - x \right) = \lim_{x \to \infty} \frac{-x}{x+1} = -1 = b$$

所以直线 $y = x - 1$ 是曲线 $y = \dfrac{x^2}{x+1}$ 的斜渐近线.

③ 因为 $\lim\limits_{x \to 0^+} (x + \ln x) = \infty$，所以直线 $x = 0$ 是曲线 $y = x + \ln x$ 的铅直渐近线.

又因为 $\lim\limits_{x \to +\infty} \dfrac{f(x)}{x} = \lim\limits_{x \to +\infty} \dfrac{x + \ln x}{x} = 1 = a$,

但 $\lim\limits_{x \to +\infty} \left[f(x) - ax \right] = \lim\limits_{x \to +\infty} (x + \ln x - x) = \lim\limits_{x \to +\infty} \ln x = \infty$,

所以曲线 $y = x + \ln x$ 没有斜渐近线.

4.5.2　描绘函数图像

借助于一阶导数的符号，可以确定函数图像在哪个区间上升，在哪个区间下降，哪些点是极值点；借助于二阶导数的符号，可以确定函数图像在哪些区间上为凹，在哪些区间上为凸，哪些点为拐点；知道了函数图像的升降、凹凸、极值点、拐点和渐近线后，就可以掌握函数图像的形状，并比较准确地描绘出函数图像.

描绘函数图像的一般步骤如下.

① 确定函数 $y=f(x)$ 的定义域及函数所具有的某些特性（如奇偶性、周期性等），并求出函数的一阶导数 $f'(x)$ 和二阶导数 $f''(x)$.

② 求出方程 $f'(x)=0$ 和 $f''(x)=0$ 在函数定义域内的全部实根，并求出函数 $f(x)$ 的间断点及 $f'(x)$ 和 $f''(x)$ 不存在的点，用这些点把函数的定义域划分成几个部分区间.

③ 分别确定 $f'(x)$ 和 $f''(x)$ 在各部分区间内的符号，并由此确定函数图像的升降、凹凸、极值点和拐点.

④ 确定函数图像的水平、铅直渐近线或斜渐近线以及其他变化趋势.

⑤ 求出 $f'(x)$ 和 $f''(x)$ 的零点以及不存在的点所对应的函数值，定出图像上相应的点；为了把图像画得准确些，有时还需要补充一些点；然后结合③、④中得到的结果，连接这些点画出函数 $y=f(x)$ 的图像.

【例 23】描绘函数 $y=\dfrac{1}{\sqrt{2\pi}}e^{-\frac{x^2}{2}}$ 的图像.

【解】① 函数 $y=\dfrac{1}{\sqrt{2\pi}}e^{-\frac{x^2}{2}}$ 的定义域为 $(-\infty,+\infty)$.

由于 $f(x)$ 是偶函数，它的图像关于 y 抽对称，因此可以只讨论 $[0,+\infty)$ 上该函数的图像.

求出函数的导数：

$$f'(x)=\frac{1}{\sqrt{2\pi}}e^{-\frac{x^2}{2}}\cdot(-x)=-\frac{1}{\sqrt{2\pi}}xe^{-\frac{x^2}{2}}$$

$$f''(x)=-\frac{1}{\sqrt{2\pi}}\left[e^{-\frac{x^2}{2}}+xe^{-\frac{x^2}{2}}\cdot(-x)\right]=\frac{1}{\sqrt{2\pi}}e^{-\frac{x^2}{2}}(x^2-1)$$

② 在 $[0,+\infty)$ 上，方程 $f'(x)=0$ 的根为 $x=0$；方程 $f''(x)=0$ 的根为 $x=1$. 用点 $x=1$ 把 $[0,+\infty)$ 划分成两个区间 $[0,1]$ 和 $[1,+\infty)$.

③ 在 $(0,1)$ 内，$f'(x)<0,f''(x)<0$，所以在 $[0,1]$ 上的曲线弧下降而且是凸的. 结合 $f'(0)=0$ 以及图像关于 y 袖对称可知，在 $x=0$ 处函数 $f(x)$ 有极大值.

在 $(1,+\infty)$ 内，$f'(x)<0,f''(x)>0$，所以在 $[1,+\infty)$ 上的曲线弧下降而且是凹的. 根据上述结果可以列出下表：

x	0	(0, 1)	1	$(1,+\infty)$
$f'(x)$	0	−	−	−
$f''(x)$	−	−	0	+
$y=f(x)$ 的单调性和极值	极大	↘	拐点	↘

④ 由于 $\lim\limits_{x\to+\infty}f(x)=0$，所以图像有一条水平渐近线 $y=0$.

⑤　$f(0)=\dfrac{1}{\sqrt{2\pi}}$，$f(1)=\dfrac{1}{\sqrt{2\pi\mathrm{e}}}$，因此 $M_1\left(0,\dfrac{1}{\sqrt{2\pi}}\right)$ 和 $M_2\left(1,\dfrac{1}{\sqrt{2\pi\mathrm{e}}}\right)$ 是函数 $y=\dfrac{1}{\sqrt{2\pi}}\mathrm{e}^{-\frac{x^2}{2}}$ 图像上的两点.

又由 $f(2)=\dfrac{1}{\sqrt{2\pi\mathrm{e}^2}}$，得 $M_3\left(2,\dfrac{1}{\sqrt{2\pi\mathrm{e}^2}}\right)$.

结合③、④的讨论，可以画出函数 $y=\dfrac{1}{\sqrt{2\pi}}\mathrm{e}^{-\frac{x^2}{2}}$ 在 $[0,+\infty)$ 上的图像. 最后，利用函数的对称性，便可得到函数在 $(-\infty,0]$ 上的图像，如图 4-16 所示.

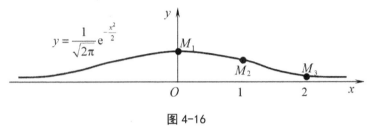

图 4-16

练习 4.5

1. 描绘函数 $y=x^3-3x^2+6$ 的图像.

2. 描绘函数 $y=\dfrac{x}{1+x^2}$ 的图像.

3. 描绘函数 $y=\dfrac{x^3}{(x-1)^2}$ 的图像.

习　题　4

一、选择题

1. 下列函数中，在给定的区间上满足罗尔中值定理条件的函数是（　　）.

　　A.　$y=x^2-5x+6$，$[2,3]$　　　　　B.　$y=\dfrac{1}{\sqrt{(x-1)^2}}$，$[0,2]$

　　C.　$y=x\mathrm{e}^{-x}$，$[0,1]$　　　　　D.　$y=\begin{cases}x+1,&x<5\\1,&x\geqslant5\end{cases}$，$[0,5]$

2. 若函数 $y=f(x)$ 在区间 $[a,b]$ 上满足拉格朗日定理的条件，则至少存在一个 $\xi\in(a,b)$，使 $f'(\xi)=$（　　）.

　　A.　0　　　　　　　　　　　　　　B.　$\dfrac{f(b)-f(a)}{2}$

　　C.　$f(b)-f(a)$　　　　　　　　　　D.　$\dfrac{f(b)-f(a)}{b-a}$

3. 求下列极限时，可以直接使用洛必达法则的是（　　）.

A. $\lim\limits_{x\to\infty}\dfrac{\sin x}{x}$

B. $\lim\limits_{x\to 0}\dfrac{\sin x}{x}$

C. $\lim\limits_{x\to\frac{\pi}{2}}\dfrac{\tan 5x}{\sin 3x}$

D. $\lim\limits_{x\to 0}\dfrac{x^2\sin\frac{1}{x}}{\sin x}$

4. 函数 $f(x)=\mathrm{e}^x+\mathrm{e}^{-x}$ 在区间 $(-1,1)$ 内（　　）.

A. 单调增加　　B. 单调减少　　C. 不增不减　　D. 有增有减

5. 函数 $y=\dfrac{x}{1-x^2}$ 在区间 $(-1,1)$ 内（　　）.

A. 单调增加　　B. 单调减少　　C. 有极大值　　D. 有极小值

6. 如果 $f'(x_0)=0$，那么 x_0 是函数 $y=f(x)$ 的（　　）.

A. 极大值点　　B. 极小值点　　C. 驻点　　　　D. 拐点

7. 若函数 $f(x)$ 满足（　　），则 $f(x)$ 在点 $x=x_0$ 处必取得极大值.

A. $f'(x_0)=0$

B. $f''(x_0)<0$

C. $f'(x_0)=0$ 且 $f''(x_0)<0$

D. $f'(x_0)=0$ 或 $f'(x_0)$ 不存在

8. "$x=x_0$ 是 $f(x)$ 的可导极值点"是"$x=x_0$ 是 $f(x)$ 的驻点"的（　　）.

A. 充要条件　　B. 必要条件　　C. 充分条件　　D. 无关条件

9. 若函数 $f(x)$ 在开区间 (a,b) 内恒有 $f'(x)<0$ 和 $f''(x)>0$，则曲线 $y=f(x)$ 在 (a,b) 内（　　）.

A. 单调递增向上凸　　　　　　B. 单调递增向上凹

C. 单调递减向上凸　　　　　　D. 单调递减向上凹

10. 曲线 $y=f(x)$ 有铅直渐近线的充分条件是（　　）.

A. $\lim\limits_{x\to\infty}f(x)=0$

B. $\lim\limits_{x\to\infty}f(x)=\infty$

C. $\lim\limits_{x\to x_0}f(x)=0$

D. $\lim\limits_{x\to x_0}f(x)=\infty$

二、填空题

1. 在区间 $[a,b]$ 内，若 $f'(x)=g'(x)$，则 $f(x)-g(x)=$_____.

2. 如果一元二次函数 $f(x)=ax^2+b$ 在区间 $(0,+\infty)$ 内单调增加，则 a,b 应满足_____.

3. 函数 $y=\dfrac{1}{2x+1}$ 的铅直渐近线为_____.

4. 函数 $y=\dfrac{x^2}{1+x}$ 的斜渐近线为_____.

5. $f''(x)=0$ 是函数 $f(x)$ 的图像在点 $x=x_0$ 处有拐点的_____条件.

三、计算下列极限

1. $\lim\limits_{x \to 0} \dfrac{x - \ln(1+x)}{e^x - x - 1}$.

2. $\lim\limits_{x \to 0} \dfrac{x - \sin x}{x^2(e^x - 1)}$.

3. $\lim\limits_{x \to 0} \dfrac{\tan x - x}{x - \sin x}$.

4. $\lim\limits_{x \to 0^+} \dfrac{\ln x}{\cot x}$.

5. $\lim\limits_{x \to +\infty} \dfrac{e^x - x}{e^x + x}$.

6. $\lim\limits_{x \to 1} \left(\dfrac{1}{\ln x} + \dfrac{1}{1-x} \right)$.

7. $\lim\limits_{x \to 1} \left(\dfrac{1}{x-1} - \dfrac{2}{x^2-1} \right)$.

四、求下列函数的单调区间

1. $y = 2x^2 - \ln x$.

2. $y = x - e^x$.

五、证明下列不等式

1. 当 $0 < x < \dfrac{\pi}{2}$ 时，$\tan x > x + \dfrac{1}{3}x^3$.

2. 当 $x \geqslant 0$ 时，$(1+x)\ln(1+x) > \arctan x$.

六、求下列函数图像的拐点及凹凸区间

1. $y = xe^{-x}$.

2. $y = 1 + \sqrt[3]{x-2}$.

七、应用题

1. 在一块边长为 a 的正方形铁皮的四角上截去大小相同的正方形，然后把四边折起来制成一个无盖的盒子，问截去多大的小正方形，才能使盒子的容积最大？

2. 已知某商家销售某种商品的价格为 p（单位：万元）与其市场需求量 q（单位：吨）的函数关系为 $p = 7 - 0.2q$，而商品的总成本函数为 $C(q) = 3q + 1$.

① 若每销售 1 吨，政府要征税 t 万元，求商家获得最大利润时的销售量；

② t 为何值时，政府税收总额最大？

第 **5** 章　不定积分

在微分学中，我们已经讨论了求已知函数的导数（或微分）的问题，在实际的问题中，我们往往需要解决相反的问题，即已知函数的导数，求原来的函数．这就是积分学的基本问题之一 —— 求函数的不定积分（即求**原函数**）．

5.1　不定积分的概念与性质

5.1.1　原函数与不定积分的概念

从微分学知道：若物体做直线运动，已知路程函数为 $s=s(t)$，则物体在时刻 t 的瞬时速度 $v(t)=s'(t)$．若已知在时刻 t 的速度是 $v(t)$，则物体在时刻 t 的加速度 $a(t)=v'(t)$．

现在要解决其相反的问题：已知物体运动的速度是时间 t 的函数 $v=v(t)$，如何求出物体的路程函数 $s=s(t)$？已知物体的加速度 $a=a(t)$，如何求出物体的速度函数 $v=v(t)$？

上面两个问题都是求导运算的逆运算问题．

定义 1　如果在区间 I 上，可导函数 $F(x)$ 的导函数为 $f(x)$，即对任意的一个 $x\in I$ 都有

$$F'(x)=f(x) \quad \text{或} \quad \mathrm{d}F(x)=f(x)\mathrm{d}x$$

那么函数 $F(x)$ 就称为 $f(x)$（或 $f(x)\mathrm{d}x$）在区间 I 上的原函数．

注意　求原函数过程与求导函数过程是互逆的．

例如，在 $x\in(-\infty,+\infty)$ 时，$(\sin x)'=\cos x$，所以 $\sin x$ 是 $\cos x$ 的一个原函数．

$(\sin x+1)'=\cos x$，所以 $\sin x+1$ 也是 $\cos x$ 的一个原函数．

$(\sin x+C)'=\cos x$（C 为任意的常数），所以 $\sin x+C$ 也是 $\cos x$ 的一个原函数．

一般地，若函数 $F(x)$ 为函数 $f(x)$ 在区间 I 上的一个原函数，即 $F'(x)=f(x)$，则对任意的常数 C，有 $\left[F(x)+C\right]'=f(x)$，即 $F(x)+C$ 也是函数 $f(x)$ 在区间 I 的原函数.

因此，**若函数 $f(x)$ 的原函数存在，则其原函数不唯一，有无穷多个.**

那么如果函数 $F(x)$ 为函数 $f(x)$ 在区间 I 上的一个原函数，函数 $f(x)$ 的其他原函数与 $F(x)$ 之间有什么关系呢？

设 $\Phi(x)$ 是 $f(x)$ 的另一个原函数，即对任意的一个 $x\in I$ 有
$$\Phi'(x)=f(x)$$
于是
$$\left[\Phi(x)-F(x)\right]'=\Phi'(x)-F'(x)=f(x)-f(x)=0$$

4.1.2 节中提到，在一个区间上导数恒为零的函数必为常数，所以
$$\Phi(x)-F(x)=C_0\quad（C_0\text{ 为某个常数}）$$

这表明 $\Phi(x)$ 与 $F(x)$ 只差一个常数. 因此，$f(x)$ 的任意一个原函数都可以表示为 $F(x)+C$ 的形式，这里的 C 为任意的常数.

还应关心的另一个问题是：一个函数具备什么条件，才能保证它的原函数一定存在？这个问题将在下一章中详细讨论，这里先介绍以下结论.

定理（原函数存在定理）　若函数 $f(x)$ 在区间 I 上连续，那么在区间 I 上存在可导的函数 $F(x)$，使得对任意的 $x\in I$ 都有 $F'(x)=f(x)$.

简单地说，连续函数一定有原函数.

定义 2　如果函数 $F(x)$ 为函数 $f(x)$ 在区间 I 上的一个原函数，则称函数 $f(x)$ 在 I 上的全体原函数构成的集合
$$\{F(x)+C\,|\,F'(x)=f(x),x\in I,C\text{ 为任意的常数}\}$$
为函数 $f(x)$ 在区间 I 上的不定积分，记为
$$\int f(x)\mathrm{d}x$$
其中符号 $\int$ 称为积分号，$f(x)$ 称为被积函数，$f(x)\mathrm{d}x$ 称为被积表达式，x 称为积分变量. 即
$$\int f(x)\mathrm{d}x=\{F(x)+C\,|\,F'(x)=f(x),x\in I,C\text{ 为任意的常数}\}$$
简记为
$$\int f(x)\mathrm{d}x=F(x)+C$$

【例 1】计算下列不定积分.

① $\displaystyle\int 4x^3\mathrm{d}x$；　　　　　　② $\displaystyle\int\frac{1}{x}\mathrm{d}x$.

【解】 ①　由 $(x^4)'=4x^3$ 可知，x^4 是 $4x^3$ 的一个原函数，所以
$$\int 4x^3\mathrm{d}x=x^4+C$$

② 当 $x > 0$ 时，$(\ln x)' = \dfrac{1}{x}$，所以在 $(0, +\infty)$ 内

$$\int \frac{1}{x}dx = \ln x + C$$

当 $x < 0$ 时，由于 $\left[\ln(-x)\right]' = \dfrac{1}{-x}(-1) = \dfrac{1}{x}$，所以在 $(-\infty, 0)$ 内

$$\int \frac{1}{x}dx = \ln(-x) + C$$

所以　　　　　　　　$\displaystyle\int \frac{1}{x}dx = \ln|x| + C \quad (x \neq 0)$.

5.1.2　不定积分的几何意义

如果函数 $F(x)$ 为函数 $f(x)$ 的一个原函数，则称 $y = F(x)$ 的图像为 $f(x)$ 的一条**积分曲线**. 而 $f(x)$ 的不定积分为 $F(x) + C$，对于每一个给定的 C_0，$F(x) + C_0$ 在几何上都表示一条积分曲线. $F(x) + C$（C 为任意的常数）在几何上表示一族曲线，称之为**积分曲线族**. 这族曲线中横坐标同为 x_0 的点，其纵坐标之间相差一个常数，切线的斜率均为 $f'(x_0)$，即切线是互相平行的，如图 5-1 所示.

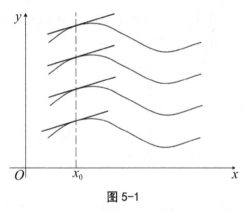

图 5-1

例如，$3x^2$ 的不定积分为 $x^3 + C$，$y = x^3$ 是 $3x^2$ 的一条积分曲线，$x^3 + C$ 则对应于一族曲线.

【例 2】已知某平面曲线通过点 $(1, 2)$，且其上任意一点处的切线斜率等于该点横坐标的 2 倍，求此曲线的方程.

【解】设所求曲线方程为 $y = f(x)$. 由假设知 $f'(x) = 2x$，由此有

$$y = f(x) = \int 2x dx = x^2 + C$$

由已知条件，$(1, 2)$ 在曲线上，代入曲线方程得 $2 = 1 + C$，得 $C = 1$.

因此所求曲线方程为：$y = x^2 + 1$.

5.1.3 基本积分公式

为简化表述，在不会引起误解的情况下，下面的叙述中有时也把不定积分直接称为积分.

由不定积分的定义可知，求原函数或不定积分与求导或求微分互为逆运算，因此有以下两个结论.

① 对某函数先积分后求导（或微分），将还原该函数（或该微分表达式），即

$$\frac{\mathrm{d}}{\mathrm{d}x}\left[\int f(x)\mathrm{d}x\right] = f(x) ,$$

或

$$\mathrm{d}\left[\int f(x)\mathrm{d}x\right] = f(x)\mathrm{d}x .$$

② 对某函数先求导（或微分）后再积分，所得结果和该函数差一常数，即

$$\int F'(x)\mathrm{d}x = F(x) + C ,$$

或

$$\int \mathrm{d}F(x) = F(x) + C .$$

既然积分运算是微分运算的逆运算，那么很自然地可以从求导数的公式得到相应的下列求积分的公式（各个公式中的 C 表示任意的常数）.

① $\int k\mathrm{d}x = kx + C$ （k 是常数）；

② $\int x^\mu \mathrm{d}x = \dfrac{x^{\mu+1}}{\mu+1} + C$ （$\mu \neq -1$）；

③ $\int \dfrac{\mathrm{d}x}{x} = \ln|x| + C$ ；

④ $\int \dfrac{\mathrm{d}x}{1+x^2} = \arctan x + C = -\operatorname{arccot} x + C$ ；

⑤ $\int \dfrac{\mathrm{d}x}{\sqrt{1-x^2}} = \arcsin x + C = -\arccos x + C$ ；

⑥ $\int \cos x\mathrm{d}x = \sin x + C$ ；

⑦ $\int \sin x\mathrm{d}x = -\cos x + C$ ；

⑧ $\int \dfrac{\mathrm{d}x}{\cos^2 x} = \int \sec^2 x\mathrm{d}x = \tan x + C$ ；

⑨ $\int \dfrac{\mathrm{d}x}{\sin^2 x} = \int \csc^2 x\mathrm{d}x = -\cot x + C$ ；

⑩ $\int \sec x \tan x\mathrm{d}x = \sec x + C$ ；

⑪ $\int \csc x \cot x\mathrm{d}x = -\csc x + C$ ；

⑫ $\int \mathrm{e}^x \mathrm{d}x = \mathrm{e}^x + C$ ；

⑬ $\int a^x \mathrm{d}x = \dfrac{a^x}{\ln a} + C$ （$a>0$，$a\neq 1$）.

以上 13 个基本积分公式是求不定积分的基础，必须熟记. 下面是应用基本积分公式求积分的例子.

【例3】计算下列不定积分.

① $\int \dfrac{1}{x^3}dx$;　　　　② $\int x^2\sqrt{x}\,dx$;　　　　③ $\int \dfrac{1}{x\sqrt[3]{x}}dx$.

【解】① $\int \dfrac{1}{x^3}dx = \int x^{-3}dx = \dfrac{1}{-3+1}x^{-3+1}+C = -\dfrac{1}{2x^2}+C$.

② $\int x^2\sqrt{x}\,dx = \int x^{\frac{5}{2}}dx = \dfrac{1}{\dfrac{5}{2}+1}x^{\frac{5}{2}+1}+C = \dfrac{2}{7}x^{\frac{7}{2}}+C$.

③ $\int \dfrac{1}{x\sqrt[3]{x}}dx = \int x^{-\frac{4}{3}}dx = \dfrac{1}{-\dfrac{4}{3}+1}x^{-\frac{4}{3}+1}+C = -3x^{-\frac{1}{3}}+C$.

5.1.4　不定积分的线性运算性质

性质1　设函数 $f(x)$ 及 $g(x)$ 的原函数都存在，则

$$\int [f(x)\pm g(x)]dx = \int f(x)dx \pm \int g(x)dx$$

性质2　设函数 $f(x)$ 的原函数存在，k 为非零常数，则

$$\int kf(x)dx = k\int f(x)dx$$

利用基本积分基本公式以及不定积分的这两个性质，可以求出一些简单函数的不定积分.

【例4】计算下列不定积分.

① $\int \left(x^2+\dfrac{1}{x}-2^x\right)dx$;　　　　② $\int (e^x-3\cos x)dx$;

③ $\int 2^x e^x dx$;　　　　④ $\int \tan^2 x\,dx$;

⑤ $\int \sin^2\dfrac{x}{2}dx$;　　　　⑥ $\int \dfrac{1}{\sin^2\dfrac{x}{2}\cos^2\dfrac{x}{2}}dx$.

【解】① $\int \left(x^2+\dfrac{1}{x}-2^x\right)dx = \int x^2 dx + \int \dfrac{1}{x}dx - \int 2^x dx = \dfrac{x^3}{3}+\ln|x|-\dfrac{2^x}{\ln 2}+C$.

② $\int (e^x-3\cos x)dx = \int e^x dx - 3\int \cos x\,dx = e^x - 3\sin x + C$.

③ $\int 2^x e^x dx = \int (2e)^x dx = \dfrac{1}{\ln(2e)}(2e)^x + C = \dfrac{1}{1+\ln 2}2^x e^x + C$.

④ 基本积分公式中没有 $\int \tan^2 x\,dx$ 这类型的积分，可以先利用三角恒等式把被积函数化成基本积分公式中所列的类型的积分，然后再逐项求积分：

$$\int \tan^2 x\,dx = \int (\sec^2 x - 1)dx = \int \sec^2 x\,dx - \int dx = \tan x - x + C$$

⑤ 基本积分公式中也没有 $\int \sin^2 \dfrac{x}{2} \mathrm{d}x$ 这类型的积分，同④一样，可以先利用三角恒等式对被积函数变形，然后再逐项积分：

$$\int \sin^2 \frac{x}{2} \mathrm{d}x = \int \frac{1}{2}(1-\cos x)\mathrm{d}x = \frac{1}{2}\int (1-\cos x)\mathrm{d}x$$

$$= \frac{1}{2}\left(\int 1\mathrm{d}x - \int \cos x\mathrm{d}x\right) = \frac{1}{2}(x - \sin x) + C$$

⑥ $\displaystyle\int \frac{1}{\sin^2 \dfrac{x}{2} \cos^2 \dfrac{x}{2}} \mathrm{d}x = \int \frac{1}{\left(\dfrac{\sin x}{2}\right)^2} \mathrm{d}x = 4\int \frac{1}{\sin^2 x} \mathrm{d}x$

$$= 4\int \csc^2 x\mathrm{d}x = -4\cot x + C .$$

【例 5】 计算不定积分 $\displaystyle\int \frac{2x^4 + x^2 + 3}{x^2 + 1} \mathrm{d}x$.

【解】 被积函数 $\dfrac{2x^4 + x^2 + 3}{x^2 + 1}$ 的分子和分母都是多项式，通过多项式除法(或对分子添项、减项)，可以把它化成积分公式中所列类型的积分，然后再逐项求积分：

$$\int \frac{2x^4 + x^2 + 3}{x^2 + 1} \mathrm{d}x = \int \left(2x^2 - 1 + \frac{4}{x^2 + 1}\right)\mathrm{d}x$$

$$= 2\int x^2\mathrm{d}x - \int 1\mathrm{d}x + 4\int \frac{1}{x^2 + 1}\mathrm{d}x$$

$$= \frac{2}{3}x^3 - x + 4\arctan x + C$$

练习 5.1

1. 计算下列不定积分．

① $\displaystyle\int 5x^4 \mathrm{d}x$;

② $\displaystyle\int x^2 \sqrt{x}\,\mathrm{d}x$;

③ $\displaystyle\int \frac{1}{x^2 \sqrt[3]{x}} \mathrm{d}x$;

④ $\displaystyle\int \sqrt[3]{x^2}\,\mathrm{d}x$;

⑤ $\displaystyle\int \frac{(t-1)^2}{t^2} \mathrm{d}t$;

⑥ $\displaystyle\int \frac{1-x}{\sqrt{x}} \mathrm{d}x$;

⑦ $\displaystyle\int \left(\frac{3}{1+x^2} - \frac{2}{\sqrt{1-x^2}}\right)\mathrm{d}x$;

⑧ $\displaystyle\int 3^x \mathrm{e}^x \mathrm{d}x$;

⑨ $\displaystyle\int \sec x(\sec x - \tan x)\mathrm{d}x$;

⑩ $\displaystyle\int \cos^2 \frac{x}{2}\mathrm{d}x$;

⑪ $\displaystyle\int \cot^2 x\mathrm{d}x$;

⑫ $\displaystyle\int \frac{1}{1+\cos 2x} \mathrm{d}x$;

⑬ $\displaystyle\int \frac{x^2}{x^2+1} \mathrm{d}x$;

⑭ $\displaystyle\int \frac{3x^4+2x^2}{x^2+1} \mathrm{d}x$;

⑮ $\displaystyle\int \frac{\cos 2x}{\cos x+\sin x}\mathrm{d}x$；　　　⑯ $\displaystyle\int \frac{1+\cos^2 x}{1+\cos 2x}\mathrm{d}x$.

2. 一曲线通过点 $(\mathrm{e}^2,4)$，且在曲线上任意一点处的切线的斜率等于该点横坐标的倒数，求该曲线的方程.

3. 一物体由静止开始运动，经 t 秒后的速度是 $3t^2$ 米/秒，问：

① 在 3 秒时物体离开出发点的距离是多少？

② 物体走完 360 米需要多少时间？

5.2　不定积分的换元积分法

能用基本积分公式和不定积分的线性运算性质计算的不定积分非常少. 因此，有必要进一步研究其他计算不定积分的方法. 本节把复合函数的微分法反过来用于求不定积分，利用中间变量代换，得到求复合函数积分的方法，这种积分方法称为**换元积分法**，简称换元法. 换元积分法通常分为第一类换元积分法和第二类换元积分法两类.

5.2.1　第一类换元积分法

定理　设 $f(u)$ 具有原函数 $F(u)$，$u=\varphi(x)$ 可导，则有换元公式
$$\int f[\varphi(x)]\varphi'(x)\mathrm{d}x=\left[\int f(u)\mathrm{d}u\right]_{u=\varphi(x)}=F(u)+c=F[\varphi(x)]+C$$

证明　$f(u)$ 具有原函数 $F(u)$，且 $u=\varphi(x)$ 可导，根据复合函数微分法，有
$$\mathrm{d}F[\varphi(x)]=f[\varphi(x)]\varphi'(x)\mathrm{d}x$$

根据不定积分的定义即可得
$$\int f[\varphi(x)]\varphi'(x)\mathrm{d}x=F[\varphi(x)]+C=\left[\int f(u)\mathrm{d}u\right]_{u=\varphi(x)}$$

注意　上述公式表示的第一类换元积分法也称为**凑微分法**.

使用凑微分法积分的解题步骤如下：
$$\begin{aligned}\int f[\varphi(x)]\varphi'(x)\mathrm{d}x &=\int f[\varphi(x)]\mathrm{d}\varphi(x) &&（凑微分）\\ &=\int f(u)\mathrm{d}u &&（令\ u=\varphi(x)，即进行变量代换）\\ &=F(u)+C &&（直接积分）\\ &=F(\varphi(x))+C &&（中间变量还原）\end{aligned}$$

下面给出几种常见的凑微分形式.

① $\displaystyle\int f(ax+b)\mathrm{d}x=\frac{1}{a}\int f(ax+b)\mathrm{d}(ax+b)\ \ (a\neq 0)$；

② $\int f(x^n)x^{n-1}\mathrm{d}x = \frac{1}{n}\int f(x^n)\mathrm{d}x^n \quad (n \neq 0)$；

③ $\int f\left(\frac{1}{x}\right)\frac{1}{x^2}\mathrm{d}x = -\int f\left(\frac{1}{x}\right)\mathrm{d}\frac{1}{x}$；

$\int f\left(\frac{1}{x^n}\right)\frac{1}{x^{n+1}}\mathrm{d}x = -\frac{1}{n}\int f\left(\frac{1}{x^n}\right)\mathrm{d}\frac{1}{x^n} \quad (n \neq 0)$；

$\int f\left(\sqrt{x}\right)\frac{1}{\sqrt{x}}\mathrm{d}x = 2\int f\left(\sqrt{x}\right)\mathrm{d}\sqrt{x}$；

④ $\int f(\ln x)\frac{1}{x}\mathrm{d}x = \int f(\ln x)\mathrm{d}\ln x$；

⑤ $\int f(\mathrm{e}^x)\mathrm{e}^x\mathrm{d}x = \int f(\mathrm{e}^x)\mathrm{d}\mathrm{e}^x$；

⑥ $\int f(\sin x)\cos x\mathrm{d}x = \int f(\sin x)\mathrm{d}\sin x$；

⑦ $\int f(\cos x)\sin x\mathrm{d}x = -\int f(\cos x)\mathrm{d}\cos x$；

⑧ $\int f(\tan x)\sec^2 x\mathrm{d}x = \int f(\tan x)\mathrm{d}\tan x$；

⑨ $\int f(\cot x)\csc^2 x\mathrm{d}x = -\int f(\cot x)\mathrm{d}\cot x$；

⑩ $\int f(\arcsin x)\frac{1}{\sqrt{1-x^2}}\mathrm{d}x = \int f(\arcsin x)\mathrm{d}\arcsin x$；

⑪ $\int f(\arctan x)\frac{1}{1+x^2}\mathrm{d}x = \int f(\arctan x)\mathrm{d}\arctan x$．

【例 6】 计算下列不定积分．

① $\int 2\sin 2x\mathrm{d}x$；　　　　② $\int \frac{1}{3+2x}\mathrm{d}x$；

③ $\int x\mathrm{e}^{x^2}\mathrm{d}x$．

【解】 ① 被积函数中，$2\mathrm{d}x = \mathrm{d}2x$，因此可以设 $u = 2x$，便有

$$\int 2\sin 2x\,\mathrm{d}x = \int \sin 2x(2x)'\mathrm{d}x$$
$$= \int \sin 2x\,\mathrm{d}(2x) \quad (凑微分)$$
$$= \int \sin u\,\mathrm{d}u \quad (令\,u = 2x，即进行变量代换)$$
$$= -\cos u + C \quad (直接积分)$$
$$= -\cos 2x + C. \quad (中间变量还原)$$

② $\int \frac{1}{3+2x}\mathrm{d}x = \int \frac{1}{3+2x}\cdot\frac{1}{2}\cdot(3+2x)'\mathrm{d}x = \frac{1}{2}\int \frac{1}{3+2x}\mathrm{d}(3+2x)$
$$= \frac{1}{2}\int \frac{1}{u}\mathrm{d}u \quad (令\,u = 3+2x)$$
$$= \frac{1}{2}\ln|u| + C$$
$$= \frac{1}{2}\ln|3+2x| + C.$$

③ $\int xe^{x^2}dx = \dfrac{1}{2}\int e^{x^2}(x^2)'dx = \dfrac{1}{2}\int e^{x^2}d(x^2)$

$\qquad = \dfrac{1}{2}\int e^u du \qquad\qquad (令\, u = x^2)$

$\qquad = \dfrac{1}{2}e^u + C = \dfrac{1}{2}e^{x^2} + C.$

对变量代换比较熟练以后,可以省略写出中间变量 u 的步骤.

【例7】计算下列不定积分.

① $\displaystyle\int (3x-1)^{20}dx$;

② $\displaystyle\int \dfrac{1}{\sqrt[3]{1-2x}}dx$;

③ $\displaystyle\int \dfrac{\sin\sqrt{x}}{\sqrt{x}}dx$;

④ $\displaystyle\int \dfrac{dx}{x(1+\ln x)}$;

⑤ $\displaystyle\int \dfrac{1}{a^2+x^2}dx \quad (a\neq 0)$;

⑥ $\displaystyle\int \dfrac{dx}{\sqrt{a^2-x^2}} \quad (a>0)$.

【解】① $\displaystyle\int (3x-1)^{20}dx = \dfrac{1}{3}\int (3x-1)^{20}(3x-1)'dx$

$\qquad\qquad = \dfrac{1}{3}\cdot\dfrac{1}{21}(3x-1)^{21}+C = \dfrac{1}{63}(3x-1)^{21}+C.$

② $\displaystyle\int \dfrac{1}{\sqrt[3]{1-2x}}dx = \int (1-2x)^{-\frac{1}{3}}\cdot\left(-\dfrac{1}{2}\right)\cdot(1-2x)'dx$

$\qquad\qquad = -\dfrac{1}{2}\int (1-2x)^{-\frac{1}{3}}d(1-2x)$

$\qquad\qquad = -\dfrac{1}{2}\cdot\dfrac{3}{2}(1-2x)^{\frac{2}{3}}+C = -\dfrac{3}{4}(1-2x)^{\frac{2}{3}}+C.$

③ $\displaystyle\int \dfrac{\sin\sqrt{x}}{\sqrt{x}}dx = \int \sin\sqrt{x}\cdot 2\cdot(\sqrt{x})'dx$

$\qquad\qquad = 2\int \sin\sqrt{x}\,d\sqrt{x} = -2\cos\sqrt{x}+C.$

④ $\displaystyle\int \dfrac{1}{x(1+\ln x)}dx = \int \dfrac{1}{(1+\ln x)}\cdot(1+\ln x)'dx$

$\qquad\qquad = \int \dfrac{1}{(1+\ln x)}d(1+\ln x)$

$\qquad\qquad = \ln|1+\ln x|+C.$

⑤ $\displaystyle\int \dfrac{1}{a^2+x^2}dx = \int \dfrac{1}{a^2}\cdot\dfrac{1}{1+\dfrac{x^2}{a^2}}dx$

$\qquad\qquad = \dfrac{1}{a^2}\int \dfrac{1}{1+\left(\dfrac{x}{a}\right)^2}\cdot a\cdot\left(\dfrac{x}{a}\right)'dx$

$$= \frac{1}{a}\int \frac{1}{1+\left(\frac{x}{a}\right)^2}\mathrm{d}\frac{x}{a} = \frac{1}{a}\arctan\frac{x}{a}+C.$$

⑥ $\displaystyle\int \frac{\mathrm{d}x}{\sqrt{a^2-x^2}} = \int \frac{1}{a}\frac{\mathrm{d}x}{\sqrt{1-\left(\frac{x}{a}\right)^2}}$

$$= \int \frac{\mathrm{d}\frac{x}{a}}{\sqrt{1-\left(\frac{x}{a}\right)^2}} = \arcsin\frac{x}{a}+C.$$

下面再举一些计算不定积分的例子,它们的被积函数中含有三角函数,在计算这类不定积分的过程中,往往要用到三角恒等式. 常用的三角恒等式有:

① $\cos^2 x + \sin^2 x = 1$;　　　② $\cos^2 x - \sin^2 x = \cos 2x$;

③ $2\sin^2 x = 1 - \cos 2x$;　　　④ $2\cos^2 x = \cos 2x + 1$;

⑤ $\sec^2 x - \tan^2 x = 1$;　　　⑥ $\csc^2 x = 1 + \cot^2 x$.

【例 8】计算下列不定积分.

① $\displaystyle\int \tan x\mathrm{d}x$;　　　　② $\displaystyle\int \cos^2 x\mathrm{d}x$;

③ $\displaystyle\int \sin^3 x\mathrm{d}x$;　　　　④ $\displaystyle\int \sec x\mathrm{d}x$;

⑤ $\displaystyle\int \sin^2 x\cos^5 x\,\mathrm{d}x$;　　⑥ $\displaystyle\int \cos 3x\cos 2x\mathrm{d}x$.

【解】① $\displaystyle\int \tan x\mathrm{d}x = \int \frac{\sin x}{\cos x}\mathrm{d}x = -\int \frac{1}{\cos x}\mathrm{d}(\cos x)$
$$= -\ln|\cos x| + C.$$

类似地, 可得　$\displaystyle\int \cot x\,\mathrm{d}x = \ln|\sin x| + C$.

② $\displaystyle\int \cos^2 x\mathrm{d}x = \int \frac{1+\cos 2x}{2}\mathrm{d}x = \frac{1}{2}\left(\int \mathrm{d}x + \int \cos 2x\mathrm{d}x\right)$

$$= \frac{1}{2}\int \mathrm{d}x + \frac{1}{4}\int \cos 2x\,\mathrm{d}(2x)$$

$$= \frac{x}{2} + \frac{\sin 2x}{4} + C.$$

③ $\displaystyle\int \sin^3 x\mathrm{d}x = \int \sin^2 x\sin x\mathrm{d}x$

$$= -\int (1-\cos^2 x)\mathrm{d}(\cos x) = -\cos x + \frac{1}{3}\cos^3 x + C.$$

④ $\displaystyle\int \sec x\mathrm{d}x = \int \frac{1}{\cos x}\mathrm{d}x = \int \frac{\cos x}{\cos^2 x}\mathrm{d}x$

$$= \int \frac{\cos x}{1-\sin^2 x}\mathrm{d}x = \int \frac{\mathrm{d}\sin x}{1-\sin^2 x}$$

$$= \int \frac{\mathrm{d}\sin x}{(1-\sin x)(1+\sin x)} = \frac{1}{2}\int \frac{\mathrm{d}\sin x}{1+\sin x} + \frac{1}{2}\int \frac{\mathrm{d}\sin x}{1-\sin x}$$

$$= \frac{1}{2}\int \frac{\mathrm{d}(1+\sin x)}{1+\sin x} - \frac{1}{2}\int \frac{\mathrm{d}(1-\sin x)}{1-\sin x}$$

$$= \frac{1}{2}\ln|1+\sin x| - \frac{1}{2}\ln|1-\sin x| + C = \frac{1}{2}\ln\left|\frac{1+\sin x}{1-\sin x}\right| + C$$

$$= \frac{1}{2}\ln\left|\frac{(1+\sin x)^2}{1-\sin^2 x}\right| + C = \frac{1}{2}\ln\left|\frac{(1+\sin x)^2}{\cos x}\right| + C$$

$$= \ln|\sec x + \tan x| + C .$$

类似地，可得 $\int \csc x \mathrm{d}x = \ln|\csc x - \cot x| + C .$

⑤ $\displaystyle\int \sin^2 x \cos^5 x \, \mathrm{d}x = \int \sin^2 x \cos^4 x \cos x \mathrm{d}x$

$$= \int \sin^2 x (1-\sin^2 x)^2 \mathrm{d}(\sin x)$$

$$= \int (\sin^2 x - 2\sin^4 x + \sin^6 x)\mathrm{d}(\sin x)$$

$$= \frac{1}{3}\sin^3 x - \frac{2}{5}\sin^5 x + \frac{1}{7}\sin^7 x + C .$$

⑥ 利用三角函数的积化和差公式

$$\cos\alpha\cos\beta = \frac{1}{2}\big[\cos(\alpha-\beta)+\cos(\alpha+\beta)\big]$$

得 $\cos 3x\cos 2x = \dfrac{1}{2}(\cos x + \cos 5x) ,$

所以 $\displaystyle\int \cos 3x\cos 2x\mathrm{d}x = \frac{1}{2}\int (\cos x + \cos 5x)\mathrm{d}x$

$$= \frac{1}{2}\left(\int \cos x\mathrm{d}x + \frac{1}{5}\int \cos 5x\mathrm{d}(5x)\right)$$

$$= \frac{1}{2}\sin x + \frac{1}{10}\sin 5x + C .$$

　　求复合函数的不定积分要比求复合函数的导数困难得多，需要一定的技巧．如何适当地选择 $u = \varphi(x)$ 变量代换没有一般途径可循，因此要掌握换元法，除了熟悉一些典型的例子外，还要做比较多的练习才行．

5.2.2 第二类换元积分法

　　可以通过适当的变量代换 $x = \psi(t)$，将不定积分 $\int f(x)\mathrm{d}x$ 化为容易求出的积分 $\int f[\psi(t)]\psi'(t)\mathrm{d}t$．

　　定理　设 $x = \psi(t)$ 是一个单调、可导的函数，并且有 $\psi'(t) \neq 0$．又设 $f[\psi(t)]\psi'(t)$ 具有原函数，则有换元公式

$$\int f(x)\mathrm{d}x = \left\{\int f[\psi(t)]\psi'(t)\mathrm{d}t\right\}_{t=\psi^{-1}(x)}$$

其中 $\psi^{-1}(x)$ 是 $x = \psi(t)$ 的反函数．

证明 设 $f[\psi(t)]\psi'(t)$ 的原函数为 $\Phi(t)$，记 $\Phi[\psi^{-1}(x)] = F(x)$，利用复合函数及反函数的求导法则，得到

$$F'(x) = \frac{\mathrm{d}\Phi}{\mathrm{d}t} \cdot \frac{\mathrm{d}t}{\mathrm{d}x} = f[\psi(t)]\psi'(t) \cdot \frac{1}{\psi'(t)} = f[\psi(t)] = f(x)$$

所以 $F(x)$ 是 $f(x)$ 的原函数，所以有

$$\int f(x)\mathrm{d}x = F(x) + C = \Phi[\psi^{-1}(x)] + C = \left\{ \int f[\psi(t)]\psi'(t)\mathrm{d}t \right\}_{t=\psi^{-1}(x)}$$

1. 被积函数中含 $\sqrt[n]{ax+b}$ 或 $\sqrt[n]{\dfrac{ax+b}{cx+d}}$ 的无理函数的不定积分

计算含有根式 $\sqrt[n]{ax+b}$ 或 $\sqrt[n]{\dfrac{ax+b}{cx+d}}$ 的被积函数的不定积分时，可以进行 $t = \sqrt[n]{ax+b}$ 或 $t = \sqrt[n]{\dfrac{ax+b}{cx+d}}$ 代换，从而化去被积函数中的根式.

【例 9】 计算下列不定积分.

① 求 $\displaystyle\int \frac{1}{1+\sqrt{2x}}\mathrm{d}x$ ；　　　　② $\displaystyle\int \frac{1}{1+\sqrt[3]{2x+1}}\mathrm{d}x$ ；

③ $\displaystyle\int \frac{1}{\sqrt{x}+\sqrt[3]{x}}\mathrm{d}x$ ；　　　　④ $\displaystyle\int \frac{1}{x}\sqrt{\frac{1+x}{x}}\mathrm{d}x$.

【解】 ① 令 $t = \sqrt{2x}$ ，则 $x = \dfrac{1}{2}t^2$ ，$\mathrm{d}x = t\mathrm{d}t$.

$$\int \frac{1}{1+\sqrt{2x}}\mathrm{d}x = \int \frac{1}{1+t} \cdot t\mathrm{d}t = \int \frac{t+1-1}{1+t}\mathrm{d}t$$
$$= \int \left(1 - \frac{1}{1+t}\right)\mathrm{d}t = t - \ln|1+t| + C$$
$$= \sqrt{2x} - \ln\left(1+\sqrt{2x}\right) + C .$$

② 令 $t = \sqrt[3]{2x+1}$ ，则 $x = \dfrac{t^3-1}{2}$ ，$\mathrm{d}x = \dfrac{3}{2}t^2\mathrm{d}t$.

$$\int \frac{1}{1+\sqrt[3]{2x+1}}\mathrm{d}x = \int \frac{1}{1+t} \cdot \frac{3}{2}t^2\mathrm{d}t = \frac{3}{2}\int \frac{t^2}{t+1}\mathrm{d}t$$
$$= \frac{3}{2}\int \left(t-1+\frac{1}{t+1}\right)\mathrm{d}t = \frac{3}{4}t^2 - \frac{3}{2}t + \frac{3}{2}\ln|t+1| + C$$
$$= \frac{3}{4}\left(\sqrt[3]{2x+1}\right)^2 - \frac{3}{2}\sqrt[3]{2x+1} + \frac{3}{2}\ln\left|\sqrt[3]{2x+1}+1\right| + C .$$

③ 令 $t = \sqrt[6]{x}$ ，则 $x = t^6$ ，$\mathrm{d}x = 6t^5\mathrm{d}t$.

$$\int \frac{1}{\sqrt{x}+\sqrt[3]{x}}\mathrm{d}x = \int \frac{1}{t^3+t^2}6t^5\mathrm{d}t = 6\int \frac{t^3}{t+1}\mathrm{d}t$$
$$= 6\int \left(t^2-t+1-\frac{1}{t+1}\right)\mathrm{d}t$$
$$= 2t^3 - 3t^2 + 6t - 6\ln|t+1| + C$$

$$= 2\sqrt{x} - 3\sqrt[3]{x} + 6\sqrt[6]{x} - 6\ln\left|\sqrt[6]{x} + 1\right| + C.$$

④ 令 $t = \sqrt{\dfrac{1+x}{x}}$, $t^2 = \dfrac{1+x}{x}$, 则 $x = \dfrac{1}{t^2-1}$, $\mathrm{d}x = \dfrac{-2t}{(t^2-1)^2}\mathrm{d}t$.

$$\int \frac{1}{x}\sqrt{\frac{1+x}{x}}\mathrm{d}x = \int \frac{1}{\dfrac{1}{t^2-1}} \cdot t \cdot \frac{-2t}{(t^2-1)^2}\mathrm{d}t$$

$$= -2\int \frac{t^2}{t^2-1}\mathrm{d}t = -2\int \frac{t^2-1+1}{t^2-1}\mathrm{d}t$$

$$= -2\int \left(1 + \frac{1}{t^2-1}\right)\mathrm{d}t = -2\int \left[1 + \frac{1}{2}\left(\frac{1}{t-1} - \frac{1}{t+1}\right)\right]\mathrm{d}t$$

$$= -2\left(t + \frac{1}{2}\ln\left|\frac{t-1}{t+1}\right|\right) + C$$

$$= -2\sqrt{\frac{1+x}{x}} - \ln\left|\frac{\sqrt{\dfrac{1+x}{x}} - 1}{\sqrt{\dfrac{1+x}{x}} + 1}\right| + C.$$

2. 根式中含有二次式的无理函数的不定积分

如果被积函数中包含根式,而根式中含有二次式,即函数式包含的根式中含有 x 的二次多项式时,可以进行三角变换,计算不定积分.

如果被积函数中含有根式 $\sqrt{a^2-x^2}$ $(a>0)$,可令 $x = a\sin t$;

如果被积函数中含有根式 $\sqrt{a^2+x^2}$ $(a>0)$,可令 $x = a\tan t$;

如果被积函数中含有根式 $\sqrt{x^2-a^2}$ $(a>0)$,可令 $x = a\sec t$;

如果被积函数中含有根式 $\sqrt{ax^2+bx+c}$ $(a\neq 0)$,可以对根式中的二次多项式配方,转换成下列形式之一:

$$\sqrt{a_1^2-u^2},\ \sqrt{u^2+a_1^2},\ \sqrt{u^2-a_1^2}$$

然后进行相应的三角变换解决问题.

【例10】计算下列不定积分.

① $\displaystyle\int \sqrt{a^2-x^2}\,\mathrm{d}x$ $(a>0)$;　　　　② $\displaystyle\int \frac{\mathrm{d}x}{\sqrt{x^2+a^2}}$ $(a>0)$;

③ $\displaystyle\int \frac{\mathrm{d}x}{\sqrt{x^2-a^2}}$ $(a>0)$.

【解】① 设 $x = a\sin t$ $\left(-\dfrac{\pi}{2} < t < \dfrac{\pi}{2}\right)$,

则 $\sqrt{a^2-x^2} = \sqrt{a^2 - a^2\sin^2 t} = a\cos t$, $\mathrm{d}x = a\cos t\,\mathrm{d}t$.

$$\int \sqrt{a^2-x^2}\,\mathrm{d}x = \int a\cos t \cdot a\cos t\,\mathrm{d}t = a^2\int \cos^2 t\,\mathrm{d}t$$

$$= \frac{a^2}{2} \int (1 + \cos 2t) \mathrm{d}t = \frac{a^2}{2} \left(t + \frac{1}{2} \sin 2t \right) + C$$

$$= \frac{a^2}{2} t + \frac{a^2}{2} \sin t \cos t + C .$$

由于 $x = a \sin t$ $\left(-\frac{\pi}{2} < t < \frac{\pi}{2} \right)$，所以

$$t = \arcsin \frac{x}{a}$$

$$\cos t = \sqrt{1 - \sin^2 t} = \sqrt{1 - \left(\frac{x}{a} \right)^2} = \frac{\sqrt{a^2 - x^2}}{a}$$

于是有 $\quad \int \sqrt{a^2 - x^2} \, \mathrm{d}x = \frac{a^2}{2} \arcsin \frac{x}{a} + \frac{1}{2} x \sqrt{a^2 - x^2} + C .$

② 设 $x = a \tan t$ $\left(-\frac{\pi}{2} < t < \frac{\pi}{2} \right)$，

则 $\sqrt{x^2 + a^2} = \sqrt{a^2 + a^2 \tan^2 t} = a \sqrt{1 + \tan^2 t} = a \sec t$，$\mathrm{d}x = a \sec^2 t \, \mathrm{d}t$。

$$\int \frac{\mathrm{d}x}{\sqrt{x^2 + a^2}} = \int \frac{a \sec^2 t}{a \sec t} \mathrm{d}t = \int \sec t \, \mathrm{d}t = \ln |\sec t + \tan t| + C_1 .$$

为了把 $\sec t$ 和 $\tan t$ 转换成 x 的函数，可以根据 $\tan t = \frac{x}{a}$ 作如图5-2所示的辅助三角形。

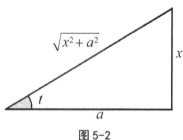

图 5-2

根据图5-2得 $\sec t = \frac{\sqrt{x^2 + a^2}}{a}$，且 $\sec t + \tan t > 0$，因此

$$\int \frac{\mathrm{d}x}{\sqrt{x^2 + a^2}} = \ln \left(\frac{x}{a} + \frac{\sqrt{x^2 + a^2}}{a} \right) + C_1 = \ln \left(x + \sqrt{x^2 + a^2} \right) - \ln a + C_1$$

$$= \ln \left(x + \sqrt{x^2 + a^2} \right) + C .$$

其中 $C = C_1 - \ln a$。

③ 被积函数 $\frac{\mathrm{d}x}{\sqrt{x^2 - a^2}}$ 的定义域是 $x > a$ 和 $x < -a$ 两个区间，分别在这两个区间内计算不定积分。

当 $x > a$ 时，设 $x = a \sec t$ $\left(0 < t < \frac{\pi}{2} \right)$，那么

$$\sqrt{x^2-a^2}=\sqrt{a^2\sec^2 t-a^2}=a\sqrt{\sec^2 t-1}=a\tan t$$

于是　　　$$\int\frac{\mathrm{d}x}{\sqrt{x^2-a^2}}=\int\frac{a\sec t\tan t}{a\tan t}\mathrm{d}t=\int\sec t\mathrm{d}t$$

$$=\ln\left|\sec t+\tan t\right|+C_1.$$

为了把 $\sec t$，$\tan t$ 转换成 x 的函数，可以根据 $\sec t=\dfrac{x}{a}$ 作如图5-3所示的

辅助三角形.

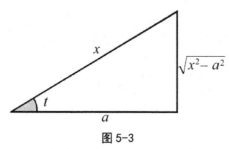

图 5-3

根据图5-3得 $\tan t=\dfrac{\sqrt{x^2-a^2}}{a}$，

因此

$$\int\frac{\mathrm{d}x}{\sqrt{x^2-a^2}}=\ln\left|\frac{x}{a}+\frac{\sqrt{x^2-a^2}}{a}\right|+C_1=\ln\left|x+\sqrt{x^2-a^2}\right|+C_2$$

其中 $C_2=C_1-\ln a$.

当 $x<-a$ 时，令 $x=-u$，那么 $u>a$，由上面的计算可得

$$\int\frac{\mathrm{d}x}{\sqrt{x^2-a^2}}=-\int\frac{\mathrm{d}u}{\sqrt{u^2-a^2}}=-\ln(u+\sqrt{u^2-a^2})+C_2$$

$$=-\ln(-x+\sqrt{x^2-a^2})+C_2$$

$$=\ln\frac{1}{\left(-x+\sqrt{x^2-a^2}\right)}+C_2$$

$$=\ln\frac{\sqrt{x^2-a^2}+x}{\left(-x+\sqrt{x^2-a^2}\right)\left(\sqrt{x^2-a^2}+x\right)}+C_2$$

$$=\ln\frac{-\sqrt{x^2-a^2}-x}{a^2}+C_2$$

$$=\ln\left(-\sqrt{x^2-a^2}-x\right)-\ln a^2+C_2$$

$$=\ln\left|x+\sqrt{x^2-a^2}\right|+C.$$

综上可得

$$\int\frac{\mathrm{d}x}{\sqrt{x^2-a^2}}=\ln\left|x+\sqrt{x^2-a^2}\right|+C$$

3. 倒数代换法

当分母的最高次数大于分子的最高次数时，可以采用**倒数代换**，即令 $x = \dfrac{1}{t}$.

【例11】计算不定积分 $\displaystyle\int \dfrac{1}{x\sqrt{x^2-1}}\mathrm{d}x \quad (x>1)$.

【解】设 $x = \dfrac{1}{t}$，那么 $\mathrm{d}x = -\dfrac{\mathrm{d}t}{t^2}$，于是

$$\int \frac{1}{x\sqrt{x^2-1}}\mathrm{d}x = \int \frac{1}{\frac{1}{t}\sqrt{\frac{1}{t^2}-1}}\cdot\left(-\frac{1}{t^2}\right)\mathrm{d}t = -\int \frac{1}{\sqrt{1-t^2}}\mathrm{d}t$$

$$= -\arcsin t + C = -\arcsin\frac{1}{x} + C.$$

以后经常会遇到上述例题中涉及的几个计算结果，所以它们通常也被当作公式使用. 因此，除了要记住5.1.2节中提到的基本积分公式外，还应该记住以下几个公式（其中常数 $a>0$）：

⑭ $\displaystyle\int \tan x\mathrm{d}x = -\ln|\cos x| + C$；

⑮ $\displaystyle\int \cot x\mathrm{d}x = \ln|\sin x| + C$；

⑯ $\displaystyle\int \sec x\mathrm{d}x = \ln|\sec x + \tan x| + C$；

⑰ $\displaystyle\int \csc x\mathrm{d}x = \ln|\csc x - \cot x| + C$；

⑱ $\displaystyle\int \dfrac{\mathrm{d}x}{a^2+x^2} = \dfrac{1}{a}\arctan\dfrac{x}{a} + C \quad (a>0)$；

⑲ $\displaystyle\int \dfrac{\mathrm{d}x}{x^2-a^2} = \dfrac{1}{2a}\ln\left|\dfrac{x-a}{x+a}\right| + C \quad (a>0)$；

⑳ $\displaystyle\int \dfrac{\mathrm{d}x}{\sqrt{a^2-x^2}} = \arcsin\dfrac{x}{a} + C \quad (a>0)$；

㉑ $\displaystyle\int \dfrac{\mathrm{d}x}{\sqrt{x^2+a^2}} = \ln\left(x+\sqrt{x^2+a^2}\right) + C \quad (a>0)$；

㉒ $\displaystyle\int \dfrac{\mathrm{d}x}{\sqrt{x^2-a^2}} = \ln\left|x+\sqrt{x^2-a^2}\right| + C \quad (a>0)$.

【例12】计算不定积分 $\displaystyle\int \dfrac{\mathrm{d}x}{\sqrt{4x^2+9}}$.

【解】$\displaystyle\int \dfrac{\mathrm{d}x}{\sqrt{4x^2+9}} = \int \dfrac{\mathrm{d}x}{\sqrt{(2x)^2+3^2}} = \dfrac{1}{2}\int \dfrac{\mathrm{d}(2x)}{\sqrt{(2x)^2+3^2}}$.

利用公式㉑，便可得

$$\int \frac{\mathrm{d}x}{\sqrt{4x^2+9}} = \frac{1}{2}\ln\left(2x+\sqrt{4x^2+9}\right) + C$$

练习5.2

1. 计算下列不定积分.

① $\int e^{2x} dx$;

② $\int (3+2x)^3 dx$;

③ $\int \dfrac{1}{1-2x} dx$;

④ $\int \dfrac{1}{\sqrt[3]{2-3x}} dx$;

⑤ $\int \dfrac{e^{\sqrt{x}}}{\sqrt{x}} dx$;

⑥ $\int x\cos x^2 dx$;

⑦ $\int \dfrac{x}{\sqrt[3]{2+3x^2}} dx$;

⑧ $\int \dfrac{1}{\sqrt{x}\sqrt{1+\sqrt{x}}} dx$;

⑨ $\int \dfrac{1}{x(1+\ln x)} dx$;

⑩ $\int \dfrac{3x^2}{4+2x^3} dx$;

⑪ $\int \dfrac{\cos x}{\sin^4 x} dx$;

⑫ $\int \dfrac{(\arctan x)^2}{1+x^2} dx$;

⑬ $\int \cos^3 x dx$;

⑭ $\int \sin^4 x dx$;

⑮ $\int \sin^3 x \cos x dx$.

2. 计算下列不定积分.

① $\int \dfrac{x^2}{\sqrt{4-x^2}} dx$;

② $\int \dfrac{1}{1+\sqrt[3]{x}} dx$;

③ $\int \dfrac{\sqrt{x-1}}{x} dx$;

④ $\int \dfrac{dx}{\sqrt{x}+\sqrt[4]{x}}$.

5.3 分部积分法

在5.2节中利用复合函数求导法则，得出了换元积分法. 这一节利用函数乘积的求导法则，研究另一个求积分的基本方法 —— 分部积分法.

定理（分部积分法） 设函数 $u=u(x)$, $v=v(x)$ 具有连续导数，则有分部积分公式：

$$\int u(x)v'(x)dx = u(x)v(x) - \int u'(x)v(x)dx$$

简记为：

$$\int u dv = uv - \int v du$$

证明 函数 $u=u(x)$ 和 $v=v(x)$ 具有连续导数，则这两个函数乘积的导数公式为

$$(uv)' = u'v + uv'$$

移项得 $$uv' = (uv)' - u'v.$$

对这个等式两边求不定积分，得分部积分公式

$$\int uv'\mathrm{d}x = uv - \int u'v\mathrm{d}x$$

或 $$\int u\mathrm{d}v = uv - \int v\mathrm{d}u.$$

应用分部积分法计算不定积分，可以按下面的几个步骤进行．

① 恰当选取 $u(x)$ 和 $v(x)$，即把被积表达式 $f(x)\mathrm{d}x$ 转化为 $u(x)\mathrm{d}v(x)$ 的形式，这是关键的一步，如果 u 和 $\mathrm{d}v$ 选取不当，就求不出结果．

② 代入公式 $\int u\mathrm{d}v = uv - \int v\mathrm{d}u$，公式两边的积分中的 $u(x)$ 和 $v(x)$ 恰好交换了位置．

③ 计算 $\mathrm{d}u$，即 $uv - \int v\mathrm{d}u = uv - \int vu'\mathrm{d}u$．

④ 计算 $\int vu'\mathrm{d}u$．

下面根据被积函数的特点，给出3种情况下函数 $u(x)$ 和 $v(x)$ 的选择形式．其中第1、2种情况中的 $P_n(x)$ 为 x 的 n 次多项式．

1. 被积表达式为 $P_n(x)\mathrm{e}^x\mathrm{d}x$，$P_n(x)\sin x\mathrm{d}x$，$P_n(x)\cos x\mathrm{d}x$ 形式

这时被积表达式可以分别转化为 $P_n(x)\mathrm{d}e^x$，$P_n(x)\mathrm{d}(-\cos x)$，$P_n(x)\mathrm{d}\sin x$ 的形式．

【例 13】计算下列不定积分．

① $\int x\cos x\mathrm{d}x$；   ② $\int x\mathrm{e}^x\mathrm{d}x$；

③ $\int x^2\mathrm{e}^x\mathrm{d}x$．

【解】① $\int x\cos x\mathrm{d}x = \int x(\sin x)'\mathrm{d}x = \int x\mathrm{d}(\sin x)$
$$= x\sin x - \int \sin x\mathrm{d}x = x\sin x - \cos x + C.$$

② $\int x\mathrm{e}^x\mathrm{d}x = \int x(\mathrm{e}^x)'\mathrm{d}x = \int x\mathrm{d}(\mathrm{e}^x) = x\mathrm{e}^x - \int \mathrm{e}^x\mathrm{d}x = x\mathrm{e}^x - \mathrm{e}^x + C.$

③ $\int x^2\mathrm{e}^x\mathrm{d}x = \int x^2(\mathrm{e}^x)'\mathrm{d}x = \int x^2\mathrm{d}(\mathrm{e}^x) = x^2\mathrm{e}^x - \int \mathrm{e}^x\mathrm{d}x^2 = x^2\mathrm{e}^x - 2\int x\mathrm{e}^x\mathrm{d}x$
$$= x^2\mathrm{e}^x - 2\int x\mathrm{d}(\mathrm{e}^x) = x^2\mathrm{e}^x - 2\left(x\mathrm{e}^x - \int \mathrm{e}^x\mathrm{d}x\right)$$
$$= x^2\mathrm{e}^x - 2(x\mathrm{e}^x - \mathrm{e}^x) + C$$
$$= \mathrm{e}^x(x^2 - 2x + 2) + C.$$

2. 被积表达式为 $P_n(x)\ln x\mathrm{d}x$，$P_n(x)\arcsin x\mathrm{d}x$，$P_n(x)\arctan x\mathrm{d}x$ 形式

这时可以选 $\ln x$，$\arcsin x$，$\arctan x$ 为 $u(x)$，其余部分选为 $\mathrm{d}v(x)$，即 $\mathrm{d}v(x) = P_n(x)\mathrm{d}x$．这样用一次分部积分就可以使被积函数转变成 x 的代数函数．

【例 14】计算下列不定积分．

① $\int x\ln x\mathrm{d}x$；   ② $\int \arcsin x\mathrm{d}x$；

③ $\int x\operatorname{arccot}x\mathrm{d}x$.

【解】① $\int x\ln x\mathrm{d}x = \int \ln x\mathrm{d}\dfrac{x^2}{2} = \dfrac{x^2}{2}\ln x - \int \dfrac{x^2}{2}\mathrm{d}\ln x$

$$= \dfrac{x^2}{2}\ln x - \int \dfrac{x^2}{2}\cdot\dfrac{1}{x}\mathrm{d}x = \dfrac{x^2}{2}\ln x - \int \dfrac{x}{2}\mathrm{d}x$$

$$= \dfrac{x^2}{2}\ln x - \dfrac{x^2}{4} + C .$$

② $\int \arcsin x\mathrm{d}x = x\arcsin x - \int x\mathrm{d}(\arcsin x)$

$$= x\arcsin x - \int \dfrac{x}{\sqrt{1-x^2}}\mathrm{d}x$$

$$= x\arcsin x + \dfrac{1}{2}\int \dfrac{\mathrm{d}(1-x^2)}{\sqrt{1-x^2}}$$

$$= x\arcsin x + \sqrt{1-x^2} + C .$$

③ $\int x\operatorname{arccot}x\mathrm{d}x = \dfrac{1}{2}\int \operatorname{arccot}x\mathrm{d}x^2 = \dfrac{1}{2}\left(x^2\operatorname{arccot}x - \int x^2\mathrm{d}\operatorname{arccot}x\right)$

$$= \dfrac{1}{2}x^2\operatorname{arccot}x + \dfrac{1}{2}\int \dfrac{x^2}{1+x^2}\mathrm{d}x$$

$$= \dfrac{1}{2}x^2\operatorname{arccot}x + \dfrac{1}{2}\int \left(1 - \dfrac{1}{1+x^2}\right)\mathrm{d}x$$

$$= \dfrac{1}{2}x^2\operatorname{arccot}x + \dfrac{1}{2}x - \dfrac{1}{2}\arctan x + C .$$

3. 使用两次分部积分求不定积分

计算不定积分，有时需要使用两次分部积分．

【例 15】计算下列不定积分．

① $\int \mathrm{e}^x\sin x\mathrm{d}x$ ；　　　　　　　② $\int \sec^3 x\mathrm{d}x$.

【解】① $\int \mathrm{e}^x\sin x\mathrm{d}x = \int \sin x\mathrm{d}\mathrm{e}^x = \mathrm{e}^x\sin x - \int \mathrm{e}^x\mathrm{d}\sin x$

$$= \mathrm{e}^x\sin x - \int \mathrm{e}^x\cos x\mathrm{d}x = \mathrm{e}^x\sin x - \int \cos x\mathrm{d}\mathrm{e}^x$$

$$= \mathrm{e}^x\sin x - \left(\mathrm{e}^x\cos x - \int \mathrm{e}^x\mathrm{d}\cos x\right)$$

$$= \mathrm{e}^x\sin x - \mathrm{e}^x\cos x - \int \mathrm{e}^x\sin x\mathrm{d}x .$$

由于上式右端的第三项就是所求的不定积分 $\int \mathrm{e}^x\sin x\mathrm{d}x$ ，把它移到等式左端，然后两端各除以2，便得到

$$\int \mathrm{e}^x\sin x\mathrm{d}x = \dfrac{1}{2}\mathrm{e}^x\left(\sin x - \cos x\right) + C$$

② $\int \sec^3 x\mathrm{d}x = \int \sec x\mathrm{d}(\tan x)$

$$= \sec x\tan x - \int \sec x\tan^2 x\mathrm{d}x$$

$$= \sec x\tan x - \int \sec x(\sec^2 x - 1)\mathrm{d}x$$

$$= \sec x \tan x - \int \sec^3 x \mathrm{d}x + \int \sec x \mathrm{d}x$$

$$= \sec x \tan x + \ln|\sec x + \tan x| - \int \sec^3 x \mathrm{d}x .$$

由于上式右端的第三项就是所求的积分 $\int \sec^3 x \mathrm{d}x$ ，把它移到等式左端，然后两端各除以 2，便得到

$$\int \sec^3 x \mathrm{d}x = \frac{1}{2} (\sec x \tan x + \ln|\sec x + \tan x|) + C$$

4. 分部积分法与换元积分法的综合应用

【例 16】计算不定积分 $\int \mathrm{e}^{\sqrt{x}} \mathrm{d}x$.

【解】令 $\sqrt{x} = t$ ，则 $x = t^2$ ，　$\mathrm{d}x = 2t\mathrm{d}t$.

于是　$\int \mathrm{e}^{\sqrt{x}} \mathrm{d}x = \int \mathrm{e}^t 2t \mathrm{d}t = 2\int t \mathrm{d}\mathrm{e}^t$

$$= 2\left(t\mathrm{e}^t - \int \mathrm{e}^t \mathrm{d}t \right) = 2t\mathrm{e}^t - 2\mathrm{e}^t + C$$

$$= 2\mathrm{e}^{\sqrt{x}} \left(\sqrt{x} - 1 \right) + C .$$

练习 5.3

计算下列不定积分.

① $\int x \sin x \mathrm{d}x$ ；

② $\int \ln x \mathrm{d}x$ ；

③ $\int \arccos x \mathrm{d}x$ ；

④ $\int x \mathrm{e}^{-x} \mathrm{d}x$ ；

⑤ $\int \dfrac{\ln x}{x^2} \mathrm{d}x$ ；

⑥ $\int x \sin^2 \dfrac{x}{2} \mathrm{d}x$ ；

⑦ $\int x \arctan x \mathrm{d}x$ ；

⑧ $\int x \ln(x+1) \mathrm{d}x$ ；

⑨ $\int \mathrm{e}^x \cos x \mathrm{d}x$ ；

⑩ $\int (\arcsin x)^2 \mathrm{d}x$.

5.4　有理函数的积分

前面已经介绍了求不定积分的两个基本方法 —— 换元积分法和分部积分法. 下面简要介绍求有理函数的积分及可化为有理函数的函数的积分的方法.

5.4.1　有理函数的不定积分

有理函数是指由两个多项式的商所表示的函数，其形式为

$$f(x) = \frac{P(x)}{Q(x)} = \frac{a_0 x^n + a_1 x^{n-1} + \cdots + a_{n-1} x + a_n}{b_0 x^m + b_1 x^{m-1} + \cdots + b_{m-1} x + b_m}$$

其中，m 和 n 是非负整数；a_0，a_1，$\cdots$，a_n 及 b_0，b_1，$\cdots$，b_m 都是常数，且 $a_0 \neq 0$，$b_0 \neq 0$.

当 $n < m$ 时，$\dfrac{P(x)}{Q(x)}$ 称为**真分式**；当 $n \geqslant m$ 时，$\dfrac{P(x)}{Q(x)}$ 称为**假分式**.

利用多项式的除法，总可以将一个假分式化为一个多项式与一个真分式之和，例如

$$\frac{x^2+3x-1}{x+1} = \frac{x(x+1)+2(x+1)-3}{x+1} = x+2-\frac{3}{x+1}$$

有理函数的积分归结为研究真分式的积分.

由实系数多项式的因式分解定理可知：任何一个实系数多项式 $Q(x)$ 在实数范围内都可以唯一地分解成若干个一次因式乘幂和若干个二次质因式乘幂的积，即 $Q(x)$ 可以分解为以下形式：

$$Q(x) = b_0(x-c_1)^{k_1}(x-c_2)^{k_2}\cdots(x-c_i)^{k_i}(x^2+p_1x+q_1)^{l_1}\cdots(x^2+p_rx+q_r)^{l_r}$$

其中，$b_0 \neq 0$，k_1，$\cdots$，k_i，l_1，$\cdots$，l_r 为正整数，$p_j{}^2-4q_j < 0\,(j=1,\cdots,r)$.

下面给出把有理真分式 $\dfrac{P(x)}{Q(x)}$ 分解为简单分式之和的步骤.

① 将有理真分式的分母 $Q(x)$ 分解为若干个一次因式与二次质因式的乘积.

② 如果 $Q(x)$ 的因式分解式中含有因式 $(x-c)^k$，则 $\dfrac{P(x)}{Q(x)}$ 的分解式中有如下形式的 k 项之和：

$$\frac{A_1}{x-c} + \frac{A_2}{(x-c)^2} + \cdots + \frac{A_k}{(x-c)^k}$$

如果 $Q(x)$ 的因式分解式中含有因式 $(x^2+px+q)^l$，$p^2-4q < 0$，则 $\dfrac{P(x)}{Q(x)}$ 的分解式中有如下形式的 l 项之和：

$$\frac{M_1x+N_1}{x^2+px+q} + \frac{M_2x+N_2}{(x^2+px+q)^2} + \cdots + \frac{M_lx+N_l}{(x^2+px+q)^l}$$

【例 17】把 $\dfrac{x+3}{x^2-5x+6}$ 分解成简单分式之和.

【解】 $\dfrac{x+3}{x^2-5x+6} = \dfrac{x+3}{(x-2)(x-3)} = \dfrac{A}{x-2} + \dfrac{B}{x-3}$

$$= \frac{A(x-3)+B(x-2)}{(x-2)(x-3)} = \frac{(A+B)x+(-3A-2B)}{(x-2)(x-3)}.$$

得　　$x+3 = (A+B)x+(-3A-2B)$.

比较等式两边 x 的同次幂系数，有

$$\begin{cases} A+B=1 \\ -3A-2B=3 \end{cases}，得 \begin{cases} A=-5 \\ B=6 \end{cases}.$$

所以有 $\dfrac{x+3}{x^2-5x+6}=-\dfrac{5}{x-2}+\dfrac{6}{x-3}$.

【例 18】计算下列不定积分.

① $\displaystyle\int\dfrac{5x+1}{x^2-3x+2}dx$;

② $\displaystyle\int\dfrac{1}{x(x-1)^2}dx$;

③ $\displaystyle\int\dfrac{1}{x(x^2+1)}dx$;

④ $\displaystyle\int\dfrac{x^3-2x^2+3}{x^2\left(x^2+1\right)}dx$.

【解】① $\dfrac{5x+1}{x^2-3x+2}=\dfrac{5x+1}{(x-1)(x-2)}$.

设 $\dfrac{5x+1}{(x-1)(x-2)}=\dfrac{A}{x-1}+\dfrac{B}{x-2}=\dfrac{A(x-2)+B(x-1)}{(x-1)(x-2)}$,

得 $5x+1=A(x-2)+B(x-1)=(A+B)x-2A-B$.

比较等式两边 x 的同次幂系数，有

$$\begin{cases}A+B=5\\-2A-B=1\end{cases}, \ 得 \begin{cases}A=-6\\B=11\end{cases}.$$

所以有 $\dfrac{5x+1}{(x-1)(x-2)}=\dfrac{-6}{x-1}+\dfrac{11}{x-2}$.

所以 $\displaystyle\int\dfrac{5x+1}{x^2-3x+2}dx=-6\int\dfrac{1}{x-1}dx+11\int\dfrac{1}{x-2}dx$

$=-6\ln|x-1|+11\ln|x-2|+C$.

② $\dfrac{1}{x(x-1)^2}=\dfrac{A}{x}+\dfrac{B}{x-1}+\dfrac{C}{(x-1)^2}$

$=\dfrac{A(x-1)^2+Bx(x-1)+Cx}{x(x-1)^2}$

$=\dfrac{(A+B)x^2+(-2A-B+C)x+A}{x(x-1)^2}$,

得 $1=(A+B)x^2+(-2A-B+C)x+A$.

比较等式两边 x 的同次幂系数，有

$$\begin{cases}A+B=0\\-2A-B+C=0\\A=1\end{cases}, \ 得 \begin{cases}A=1\\B=-1\\C=1\end{cases}.$$

所以 $\displaystyle\int\dfrac{1}{x(x-1)^2}dx=\int\left(\dfrac{1}{x}-\dfrac{1}{x-1}+\dfrac{1}{(x-1)^2}\right)dx$

$=\ln|x|-\ln|x-1|-\dfrac{1}{x-1}+C$.

③ $\dfrac{1}{x(x^2+1)}=\dfrac{A}{x}+\dfrac{Bx+C}{x^2+1}=\dfrac{(A+B)x^2+Cx+A}{x(x^2+1)}$,

得 $1=(A+B)x^2+Cx+A$.

比较等式两边 x 的同次幂系数相等，有

$$\begin{cases} A+B=0 \\ C=0 \\ A=1 \end{cases}, \ \text{得} \begin{cases} A=1 \\ B=-1. \\ C=0 \end{cases}$$

所以　　$\displaystyle\int\frac{1}{x(x^2+1)}\mathrm{d}x=\int\left(\frac{1}{x}-\frac{x}{x^2+1}\right)\mathrm{d}x$

$$=\ln|x|-\frac{1}{2}\ln(x^2+1)+C.$$

④　$\dfrac{x^3-2x^2+3}{x^2\left(x^2+1\right)}=\dfrac{A}{x}+\dfrac{B}{x^2}+\dfrac{Cx+D}{x^2+1}=\dfrac{Ax\left(x^2+1\right)+B\left(x^2+1\right)+(Cx+D)x^2}{x^2\left(x^2+1\right)}$,

得　　$x^3-2x^2+3=Ax\left(x^2+1\right)+B\left(x^2+1\right)+(Cx+D)x^2$

$$=(A+C)x^3+(B+D)x^2+Ax+B.$$

比较等式两边 x 的同次幂系数，有

$$\begin{cases} A+C=1 \\ B+D=-2 \\ A=0 \\ B=3 \end{cases}, \ \text{得} \ A=0, \ B=3, \ C=1, \ D=-5.$$

所以　　$\dfrac{x^3-2x^2+3}{x^2\left(x^2+1\right)}=\dfrac{3}{x^2}+\dfrac{x-5}{x^2+1}$.

所以　　$\displaystyle\int\frac{x^3-2x^2+3}{x^2\left(x^2+1\right)}\mathrm{d}x=\int\left(\frac{3}{x^2}+\frac{x-5}{x^2+1}\right)\mathrm{d}x$

$$=\int\frac{3}{x^2}\mathrm{d}x+\int\frac{x}{x^2+1}\mathrm{d}x-5\int\frac{1}{x^2+1}\mathrm{d}x$$

$$=-\frac{3}{x}+\frac{1}{2}\ln\left(1+x^2\right)-5\arctan x+C.$$

5.4.2　含有三角函数的有理式的不定积分

由三角函数的相关知识知道，$\sin x$ 与 $\cos x$ 都可以用 $\tan\dfrac{x}{2}$ 的有理式表示，如下所示：

$$\sin x=2\sin\frac{x}{2}\cos\frac{x}{2}=\frac{2\tan\dfrac{x}{2}}{\sec^2\dfrac{x}{2}}=\frac{2\tan\dfrac{x}{2}}{1+\tan^2\dfrac{x}{2}}$$

$$\cos x=\cos^2\frac{x}{2}-\sin^2\frac{x}{2}=\frac{1-\tan^2\dfrac{x}{2}}{\sec^2\dfrac{x}{2}}=\frac{1-\tan^2\dfrac{x}{2}}{1+\tan^2\dfrac{x}{2}}$$

所以对含有三角函数的有理式的不定积分，只要进行变换 $u=\tan\dfrac{x}{2}$，即可把它化为 u 的有理函数的不定积分.

【例 19】 计算不定积分 $\int \dfrac{1+\sin x}{\sin x(1+\cos x)}\mathrm{d}x$.

【解】 令 $u = \tan\dfrac{x}{2}$ $(-\pi < x < \pi)$ ，那么

$$\sin x = \frac{2u}{1+u^2} , \cos x = \frac{1-u^2}{1+u^2}$$

而 $x = 2\arctan u$ ，从而有 $\mathrm{d}x = \dfrac{2}{1+u^2}\mathrm{d}u$.

于是

$$\int \frac{1+\sin x}{\sin x(1+\cos x)}\mathrm{d}x = \int \frac{\left(1+\dfrac{2u}{1+u^2}\right)\dfrac{2}{1+u^2}}{\dfrac{2u}{1+u^2}\left(1+\dfrac{1-u^2}{1+u^2}\right)}\mathrm{d}u$$

$$= \frac{1}{2}\int\left(u+2+\frac{1}{u}\right)\mathrm{d}u$$

$$= \frac{1}{2}\left(\frac{u^2}{2}+2u+\ln|u|\right)+C$$

$$= \frac{1}{4}\tan^2\frac{x}{2}+\tan\frac{x}{2}+\frac{1}{2}\ln\left|\tan\frac{x}{2}\right|+C .$$

练习 5.4

计算下列不定积分.

① $\int \dfrac{x^3}{x-2}\mathrm{d}x$;

② $\int \dfrac{3x+1}{x^2+3x-10}\mathrm{d}x$;

③ $\int \dfrac{1-x}{(x+1)(x^2+1)}\mathrm{d}x$;

④ $\int \dfrac{1}{(x-1)(x-2)(x-3)}\mathrm{d}x$;

⑤ $\int \dfrac{x^2+1}{(x-1)(x+1)^2}\mathrm{d}x$;

⑥ $\int \dfrac{1}{x^4-1}\mathrm{d}x$;

⑦ $\int \dfrac{1}{3+\cos x}\mathrm{d}x$;

⑧ $\int \dfrac{\sin x}{1+\sin x+\cos x}\mathrm{d}x$.

5.5　不定积分在经济中的应用

设已知经济函数(如需求函数、成本函数、收益函数、利润函数等)为 $F(x)$ ，则 $F(x)$ 的边际函数就是它的导函数 $F'(x)$.

因为求导函数(或微分)运算与求不定积分(或原函数)运算之间互为逆运算. 所以如果已知经济函数 $F(x)$ 的边际函数 $F'(x)$ ，则原经济函数为

$$F(x)=\int F'(x)\mathrm{d}x+C$$

其中 $\int F'(x)\mathrm{d}x$ 仅表示 $F'(x)$ 的一个原函数,积分常数 C 可由经济函数的具体条件来确定.

5.5.1　已知边际需求函数求需求函数

设需求量 Q_d 是价格 P 的函数, $Q_d=Q_d(P)$. 已知边际需求为 $Q_d{}'(P)$,则总需求函数 $Q_d(P)$ 为

$$Q_d(P)=\int Q_d'(P)\mathrm{d}P+C$$

其中积分常数 C 可由初始条件 $Q_d(0)=Q_0$ 确定(一般地,当价格 $P=0$ 时需求量最大,将 Q_0 记作最大需求量).

【例 20】某商品的需求量 Q_d 是价格 P 的函数, $Q_d=Q_d(P)$,边际需求为 $Q_d{}'(P)=-200$,该商品的最大需求量为 8000 (即 $P=0$ 时, $Q_d=8000$),求需求函数.

【解】由 $Q_d{}'(P)=-200$,可得

$$Q_d(P)=\int Q_d{}'(P)\mathrm{d}P+C=\int(-200)\mathrm{d}P+C=-200P+C$$

由 $P=0$ 时 $Q_d=8000$ 得 $\quad Q_d(0)=C=8000$.

因此需求函数为

$$Q_d(P)=-200P+8000$$

5.5.2　已知边际成本函数求总成本函数

设边际成本为 $C'(Q)$,固定成本为 C_0 , Q 为产量. 则总成本函数为

$$C(Q)=\int C'(Q)\mathrm{d}Q+C$$

其中积分常数 C 可由初始条件 $C(0)=C_0$ 确定.

【例 21】某厂商的边际成本函数 $C'(Q)=3Q^2-30Q+100$,固定成本为 500 ,求总成本函数 $C(Q)=\int C'(Q)\mathrm{d}Q+C$.

【解】由 $C'(Q)=3Q^2-30Q+100$,可得

$$C(Q)=\int C'(Q)\mathrm{d}Q+C=\int(3Q^2-30Q+100)\mathrm{d}Q+C$$
$$=Q^3-15Q^2+100Q+C$$

当 $Q=0$ 时,由 $C(0)=500$,得 $C=500$.

由此可得总成本函数为

$$C(Q)=Q^3-15Q^2+100Q+500$$

5.5.3　已知边际收益函数求总收益函数

设边际收益为 $R'(Q)$, Q 为产量,则总收益函数为

$$R(Q)=\int R'(Q)\mathrm{d}Q+C$$

其中积分常数 C 可由初始条件 $R(0) = 0$ 来确定(因为销售量为 0 时, 收益为 0).

【例 22】若生产某产品的边际收益为 $R'(Q) = 20 - \dfrac{2}{5}Q$, 求总收益函数 $R(Q)$.

【解】由 $R'(Q) = 20 - \dfrac{2}{5}Q$, 可得

$$R(Q) = \int R'(Q) \mathrm{d}Q + C = \int (20 - \frac{2}{5}Q) \mathrm{d}Q + C$$

$$= 20Q - \frac{1}{5}Q^2 + C$$

由　　$R(0) = 0$, 得 $C = 0$.

从而得总收益函数为

$$R(Q) = 20Q - \frac{1}{5}Q^2$$

5.5.4　已知边际利润函数求总利润函数

设生产某商品的边际收益为 $R'(Q)$, Q 为产量, 边际成本为 $C'(Q)$, 固定成本为 C_0, 边际利润函数为 $L'(Q) = R'(Q) - C'(Q)$, 则总利润函数为

$$L(Q) = \int L'(Q) \mathrm{d}Q + C = \int [R'(Q) - C'(Q)] \mathrm{d}Q + C$$

其中积分常数 C 可由初始条件 $L(0) = R(0) - C(0) = -C_0$ 确定.

【例 23】已知某产品的边际收益为 $R'(Q) = 60 - 2Q$, 边际成本为 $C'(Q) = 3Q + 6$, 固定成本为 $C_0 = 10$. 求总利润函数.

【解】由题意知 $R'(Q) = 60 - 2Q$, $C'(Q) = 3Q + 6$, 所以

$$L'(Q) = R'(Q) - C'(Q) = 60 - 2Q - 3Q - 6 = 54 - 5Q$$

从而得总利润函数

$$L(Q) = \int L'(Q) \mathrm{d}Q + C = \int (54 - 5Q) \mathrm{d}Q + C$$

$$= 54Q - \frac{5}{2}Q^2 + C$$

因 $L(0) = R(0) - C(0) = -C_0$, 得: $C = L(0) = -C_0 = -10$, 所以

$$L(Q) = 54Q - \frac{5}{2}Q^2 - 10$$

练习5.5

1. 若某产品的边际需求为 $Q_\mathrm{d}'(P) = -3P^2$, 最大需求量为60单位. 求需求函数 $Q_\mathrm{d}(p)$.

2. 假定某厂商的边际成本函数 $C'(Q) = 3Q^2 - 30Q + 100$, 固定成本为 500, 求总成本函数 $C(Q)$.

3. 若生产 Q 单位某产品时的边际收益为 $R'(Q)=200-\dfrac{1}{50}Q$ (元/单位)，求总收益函数 $R(Q)$.

4. 某工厂生产 Q 件某产品时，边际收益 $R'(Q)=\dfrac{100}{Q+50}$ (万元)，边际成本 $C'(Q)=0.02Q$ (万元)，固定成本为 $C_0=200$ (万元)，求：

① 当产量为多少件时利润最大？

② 总利润函数.

习 题 5

一、选择题

1. 若 $f(x)$ 是 $g(x)$ 的一个原函数，则（　　）.

　A. $\displaystyle\int f(x)\mathrm{d}x=g(x)+C$　　　　B. $\displaystyle\int g(x)\mathrm{d}x=f(x)+C$

　C. $\displaystyle\int g'(x)\mathrm{d}x=f(x)+C$　　　　D. $\displaystyle\int f'(x)\mathrm{d}x=g(x)+C$

2. 若 $\displaystyle\int f(x)\mathrm{d}x=x^2\mathrm{e}^{2x}+C$，则 $f(x)=$（　　）.

　A. $2x\mathrm{e}^{2x}$　　　B. $4x\mathrm{e}^{2x}$　　　C. $2x^2\mathrm{e}^{2x}$　　　D. $2x\mathrm{e}^{2x}(1+x)$

3. 若 $f(x)$ 的导数为 $\sin x$,则下列函数中,（　　）是 $f(x)$ 的一个原函数.

　A. $1+\sin x$　　B. $1-\sin x$　　C. $1+\cos x$　　D. $1-\cos x$

4. 若函数 $f(x)=\sin x$，则不定积分 $\displaystyle\int f'(x)\mathrm{d}x=$（　　）.

　A. $\sin x+C$　　B. $\cos x+C$　　C. $-\sin x+C$　　D. $-\cos x+C$

5. $\displaystyle\int \mathrm{d}\sin(1-2x)=$（　　）.

　A. $\sin(1-2x)$　　　　　　　B. $-2\cos(1-2x)$

　C. $-2\cos(1-2x)+C$　　　　D. $\sin(1-2x)+C$

6. 下列等式中，结果正确的是（　　）.

　A. $\displaystyle\int f'(x)\mathrm{d}x=f(x)$　　　　B. $\displaystyle\int \mathrm{d}f(x)=f(x)$

　C. $\dfrac{\mathrm{d}}{\mathrm{d}x}\displaystyle\int f(x)\mathrm{d}x=f(x)$　　　　D. $\mathrm{d}\displaystyle\int f(x)\mathrm{d}x=f(x)$

7. 设在区间 (a,b) 内 $f'(x)=g'(x)$，则下列各式中一定不成立的是（　　）.

　A. $f(x)=g(x)$　　　　　　　B. $f(x)=g(x)+1$

　C. $\left(\displaystyle\int f(x)\mathrm{d}x\right)'=\left(\displaystyle\int g(x)\mathrm{d}x\right)'$　　　　D. $\displaystyle\int f'(x)\mathrm{d}x=\int g'(x)\mathrm{d}x$

8. 设 $F(x)$ 是连续函数 $\dfrac{1}{x}$ 的原函数，则下列结论中一定不成立的是 (　　).

    A. $F(x)=\ln(Cx)$，$(C\neq 0)$　　　　B. $F(x)=\ln x+\mathrm{e}^{C}$

    C. $F(x)=\ln 3x+C$　　　　　　　　D. $F(x)=3\ln x+C$

9. $\displaystyle\int\ln(2x)\mathrm{d}x=($　　).

    A. $2x\ln 2x-2x+C$　　　　　　　B. $2x\ln 2+\ln x+C$

    C. $x\ln 2x-x+C$　　　　　　　　D. $\dfrac{1}{2}(x-1)\ln x+C$

10. 已知 $y=k\tan 2x$ 的一个原函数为 $\dfrac{2}{3}\ln\cos 2x$，则 $k=($　　).

    A. $-\dfrac{2}{3}$　　　　B. $\dfrac{3}{2}$　　　　C. $\dfrac{3}{4}$　　　　D. $-\dfrac{4}{3}$

二、填空题

1. 若函数 $f(x)$ 的一个原函数为 x^{2}，则 $\displaystyle\int f'(x)\mathrm{d}x=$ _____.

2. 函数 $\mathrm{e}^{x}+\sin x$ 是 $f(x)$ 的一个原函数，则 $f'(x)=$ _____.

3. $\displaystyle\int\cos(3x+4)\mathrm{d}x=$ _____.

4. $\displaystyle\int f'(\mathrm{e}^{x})\mathrm{e}^{x}\mathrm{d}x=$ _____.

5. 若 $f'(\sin^{2}x)=\cos 2x+\tan^{2}x$，$0<x<\dfrac{\pi}{2}$，则 $f(x)=$ _____.

6. 通过点 $(1,2)$ 的积分曲线 $y=\displaystyle\int 3x^{2}\mathrm{d}x$ 的方程是 _____.

三、计算下列各积分

1. $\displaystyle\int(x^{4}+\mathrm{e}^{x}+\sin x)\mathrm{d}x$.　　　　2. $\displaystyle\int\cos(2x+1)\mathrm{d}x$.

3. $\displaystyle\int x\mathrm{e}^{x^{2}}\mathrm{d}x$.　　　　　　　　　4. $\displaystyle\int\dfrac{1}{x\ln x}\mathrm{d}x$.

5. $\displaystyle\int\dfrac{1}{1+\sqrt[3]{x}}\mathrm{d}x$.　　　　　　6. $\displaystyle\int\dfrac{x^{3}-1}{x-1}\mathrm{d}x$.

四、应用题

    已知动点在时刻 t 的速度为 $v=2t-1$，且 $t=0$ 时 $s=4$，求此动点的运动方程.

附录　部分习题答案和提示

第1章

练习1.1

1. ① $\{-3, -4\}$；　　　　　　② $\{(0, 0), (1, 1)\}$；

③ $\{-4, -3, -2, -1, 0, 1, 2, 3, 4, 5, 6\}$.

2. ① $\{x|x>5\}$；　　　　　　② $\{(x, y)|x^2+y^2<5\}$；

③ $\{(x, y)|y=x^2$ 且 $x+y=0\}$.

3. B, C, E.

4. 对的有：$1\in A$, $0\notin B$, $\{1\}\subset A$, $A\supset B$, $\varnothing\subset A$, $A\subset A$. 其余的都不对.

5. 不对的有：$A\cap A=\varnothing$, $A\cup\varnothing=\varnothing$, $A\cap\varnothing=A$, $A-A=A$, $\complement_U A=U$, 其余的都对.

6. ① $(-4, 1]\cup[3, 4)$；　　　　② $\mathbf{R}$；

③ $(-\infty, -4]\cup[4, +\infty)$；　　④ $(-\infty, -4]\cup[4, +\infty)$；

⑤ $(1, 3)$；　　　　　　⑥ $(-\infty, -4]\cup(1, 3)\cup[4, +\infty)$.

7. $A\cup B=\{a, b, c, e, f\}$, $B\cap C=\{f\}$, $A\cap C=\{a, c\}$, $(A\cup B)\cap C=\{a, c, f\}=C$, $(B\cap C)\cup(A\cap C)=\{a, c, f\}=C$.

练习1.2

1. ① $(-1, 0)\cup(0, 1)$；　　　　② $[-2, 1]$；

③ $(2, 4)$；　　　　　　④ $[-1, 0)\cup(0, 1]$.

2. ① $[0, 1)\cup(1, 10]$；　　　　② $(-4, 4)$.

3. ① $[-1, 1]$；　　　　　　② $[2k\pi, (2k+1)\pi]$, $k\in\mathbf{Z}$；

③ $[-a, 1-a]$；　　　　　④ $[1, 10]$.

4. ① $[0, 1]$；　　　　　　② $[2, 4]$；

③ $\varnothing$.

5. $f(0)=1$，$f(-x)=\dfrac{1+x}{1-x}$，$f(x+1)=-\dfrac{x}{x+2}$，$f(x)+1=\dfrac{2}{x+1}$，

$f\left(\dfrac{1}{x}\right)=\dfrac{x-1}{x+1}$，$f[f(x)]=x$，$f\left[f\left(\sin\dfrac{\pi}{2}\right)\right]=1$.

6. $g(3)=2$，$g(2)=1$，$g(0)=2$，$g(0.5)=2$，$g(-0.5)=\dfrac{\sqrt{2}}{2}$.

7. $f(1)=0$，$f\left(\dfrac{\pi}{4}\right)=\dfrac{\sqrt{2}}{2}$，$f\left(-\dfrac{\pi}{4}\right)=\dfrac{\sqrt{2}}{2}$，$f\left(\dfrac{\pi}{2}\right)=0$.

8. $f(x+1)=\begin{cases} x-2, & -1\leqslant x\leqslant 0 \\ x^2+2x+2, & 0<x\leqslant 4 \end{cases}$.

9. $y=\begin{cases} 1-3x, & x<-\dfrac{1}{3} \\ 3+3x, & x\geqslant -\dfrac{1}{3} \end{cases}$.

10. ① $f(x)=\dfrac{1}{x+1}$；　　　　　　② $f(x)=-x^2$；

③ $f(x)=\begin{cases} x^2-8x+20, & 5<x\leqslant 6 \\ \dfrac{1}{x-6}, & 6<x<8 \end{cases}$；

④ $f(x)=\dfrac{1}{x}-\dfrac{1}{x}\sqrt{x^2+1}$　$(x<0)$.

11. ① $y=\ln\dfrac{x}{1-x}$；　　　　　② $y=\dfrac{1+\arcsin\dfrac{x-1}{2}}{1-\arcsin\dfrac{x-1}{2}}$；

③ $y=10^{x-1}-2$；　　　　　　④ $y=\dfrac{1}{2}[\log_3 x-5]$；

⑤ $y=\dfrac{1}{3}\arcsin\dfrac{x}{2}$；　　　　⑥ $y=\dfrac{2(x+1)}{x-1}$.

12. ① $y=-\sqrt{x}$，$x\geqslant 0$；　　　② $y=-x^3$，$x\leqslant 0$；

③ $y=(x+1)^3$，$x\leqslant -1$；　　　④ $y=\sqrt{1-x^2}$，$0\leqslant x\leqslant 1$.

13. $y=\begin{cases} \sqrt{x+1}, & -1\leqslant x\leqslant 0 \\ -\sqrt{x}, & 0<x\leqslant 1 \end{cases}$.

14. ① $a=2$ 时，是复合函数，$D_f=(-\infty, +\infty)$；

② $a=\dfrac{1}{2}$ 时，是复合函数，$D_f=\{x\mid 2k\pi-\dfrac{7\pi}{6}<x<2k\pi+\dfrac{\pi}{6}, k\in \mathbf{Z}\}$；

③ $a=-2$ 时，不是复合函数.

15. $f[g(x)]=e^{x-1}(2e^{x-1}+1)$，$g[f(x)]=e^{2x^2+x-1}$.

16. ① $y=u^3$，$u=\sin v$，$v=x^3$；　　② $y=\ln u$，$u=\sin v$，$v=1-x$.

练习1.3

1. 当 $Q = 20$ 时，$R = 120$，$\overline{R} = 6$；当 $Q = 30$ 时，$R = 120$，$\overline{R} = 4$.

2. ① $C(x) = 20x + 10\,000$，$\overline{C(x)} = 20 + \dfrac{10\,000}{x}$；

② $R(x) = 30x$；　　　　　　　③ $L(x) = 10x - 10\,000$.

3. ① $y = 4000x + 32\,000$；　　② $52\,000$.

4. ① 150；　　② -2500；　　③ 175.

习题1

一、单项选择题

1. B　　　　2. B　　　　3. B　　　　4. A　　　　5. B

6. D　　　　7. B　　　　8. C　　　　9. D　　　　10. D

二、填空题

1. 区间 $(-5, 2)$.　　　　　　　2. $x^2 + 1$.

3. $1 - \dfrac{1}{x}$.　　　　　　　　4. π.

5. $y = \log_a \dfrac{x+1}{x-1}$.　　　　6. $f(-x) = \begin{cases} 0, & x < 0 \\ 1, & x \geqslant 0 \end{cases}$.

三、解答题

1. $f[f(x)] = \begin{cases} |x|, & |x| < 1 \\ x^4 + 2x^2 + 2, & |x| \geqslant 1 \end{cases}$.　　2. $f[f(x)] = \begin{cases} 2 + x, & x < -1 \\ 1, & x \geqslant -1 \end{cases}$.

3. $f[g(x)] = \begin{cases} 0, & x < 0 \\ 2, & x > 0 \end{cases}$.　　4. $f^{-1}(x) = \begin{cases} -\sqrt{-1-x}, & x < -1 \\ 0, & x = 0 \\ \sqrt{x-1}, & x > 1 \end{cases}$.

5. ① 错；　　② 对；　　③ 对；　　④ 错；

⑤ 对；　　⑥ 错；　　⑦ 对；　　⑧ 错.

第2章

练习2.1

1. A，B　　2. A，D　　3. A，B，C，D

4. D　　　5. B

练习2.2

1. D　　　　2. C　　　　3. B　　　　4. A，B，C，D

练习2.3

1. ① $+\infty$； ② 0； ③ 不存在； ④ 不存在；
⑤ $+\infty$； ⑥ 不存在； ⑦ $+\infty$； ⑧ 0；
⑨ $+\infty$.

2. ① 0； ② 0； ③ 0； ④ 0；
⑤ 0； ⑥ 0.

3. ① $+\infty$； ② $+\infty$； ③ 0； ④ $\dfrac{\pi}{2}$；
⑤ $-\dfrac{\pi}{2}$； ⑥ 不存在； ⑦ 0； ⑧ 0；
⑨ $-\infty$.

4. A，B，C.

5. A，C.

6. A，B，C，D，E，F.

练习2.4

1. ① -8； ② 1； ③ 不存在； ④ 不存在； ⑤ -3；
⑥ $\dfrac{2}{3}$； ⑦ $-\dfrac{1}{2}$； ⑧ $\dfrac{5}{2}$； ⑨ $\dfrac{1}{2}$； ⑩ $-\dfrac{1}{2}$.

2. ① -1； ② 1.

3. ① $\sqrt{2}-1$； ② $\dfrac{1}{2}$.

4. $\dfrac{1}{2\sqrt{x}}$.

5. ① 不存在； ② 4.

6. 1.

7. ① 0 ； ② 不存在； ③ 4.

8. ① 不存在； ② 不存在.

9. $a = -3$.

练习2.5

1. ① 3； ② $\dfrac{5}{3}$； ③ 1； ④ $\dfrac{1}{2}$；
⑤ 2； ⑥ $\dfrac{2}{3}$； ⑦ $\alpha - \beta$； ⑧ $\dfrac{1}{2}$.

2. ① e； ② e^{-2}； ③ e^{-3}； ④ 2；
⑤ e^2； ⑥ e^2； ⑦ 1； ⑧ e；

⑨ e^2；　　⑩ e^{-2}；　　⑪ e；　　　⑫ e^2；

⑬ e^2；　　⑭ e^2；　　⑮ -3；　　　⑯ $\sqrt{e}$．

练习 2.6

1. -1．

2. $\Delta y = \dfrac{-\Delta x}{x(x+\Delta x)}$．

3. ① 连续；　　　② 连续；　　　③ 不连续；

④ 连续．

4. ① 0；　　　　② ab．

5. ① $x=-1$，$x=1$，$[-2,-1)\cup(-1,1)\cup(1,+\infty)$，第二类无穷间断点；

② $x=2$，$x=3$，$(-\infty,2)\cup(2,3)\cup(3,+\infty)$，第二类无穷间断点；

③ $x=0$，$(-\infty,0)\cup(0,+\infty)$，第一类跳跃间断点；

④ $x=-1$，$[-3,-1)\cup[-1,3]$，第一类跳跃间断点．

6. 不连续．

7. $k=1$．

8. $A=-1$．

10. $a=1$，$b=2$．

11. ① $a=1$，$f(x)$ 在 $x=0$ 处连续；

② $a\neq1$，$a>0$，$f(x)$ 在 $x=0$ 处不连续；

③ $a=2$ 时，连续区间为 $(-\infty,0)$ 和 $(0,+\infty)$．

习题 2

一、单项选择题

1. B　　　2. D　　　3. D　　　4. D　　　5. C

6. C　　　7. A　　　8. C　　　9. D　　　10. A

二、填空题

1. $\dfrac{1}{2}$．　　2. $\dfrac{4}{3}$．　　3. $a=0$，$b=6$．　　4. 等价．

5. $k=2$．　　6. $\dfrac{3^{20}2^{30}}{5^{50}}$．　　7. 1．　　8. 0，1，2．

9. 1．　　10. $k=2$．　　11. 一．

三、解答题

1. $\dfrac{1}{2}$．　　　　　2. $f(x)=\begin{cases} 0, & 0<x<1 \\ \dfrac{1}{2}, & x=1 \\ 1, & x>1 \end{cases}$．

3. $\lim\limits_{x\to\infty} e^{\frac{1}{x}}=1$存在，$\lim\limits_{x\to 0} e^{\frac{1}{x}}$不存在.

4. $\lim\limits_{x\to 0^+} f(x)=\lim\limits_{x\to 0^-} f(x)=1$，$\lim\limits_{x\to 0^+}\varphi(x)=1$，$\lim\limits_{x\to 0^-}\varphi(x)=-1$，

$\lim\limits_{x\to 0} f(x)=1$，$\lim\limits_{x\to 0}\varphi(x)$不存在.

5. ① 0; ② $2x$; ③ $\dfrac{1}{2}$; ④ 0;

⑤ 2; ⑥ $\dfrac{1}{2}$.

6. ① 1; ② 2; ③ $\dfrac{2}{3}$; ④ x;

⑤ $\sqrt{2}$; ⑥ 1; ⑦ $\dfrac{6}{5}$; ⑧ 0;

⑨ e^{-2}; ⑩ e^{3}; ⑪ e^{-1}; ⑫ e^{2};

⑬ e^{-1}; ⑭ e; ⑮ e^{-1}; ⑯ e^{-1}.

7. 2.   8. $a=1$, $b=-1$.

9. ① 0; ② 1; ③ $-\dfrac{a}{\pi}$; ④ -3.

10. $x=0$，无穷间断点；$x=1$，第一类跳跃间断点.

11. $a=0$, $b=e$.

第3章

练习 3.1

1. -20.   2. $(\alpha+\beta)A$.

3. ① $y'=-\dfrac{1}{2}x^{-\frac{3}{2}}$; ② $y'=\dfrac{3}{4}x^{-\frac{1}{4}}$; ③ $y'=\dfrac{7}{2}x^{\frac{5}{2}}$.

4. 切线方程为 $x-y+1=0$.

5. 在 $x=0$ 处连续且可导.

6. $f(x)=\begin{cases}\cos x, & x<0 \\ 1, & x\geqslant 0\end{cases}$.   7. $a=2$, $b=-1$.

练习 3.2

1. ① $y'=3x^2-\dfrac{28}{x^5}+\dfrac{2}{x^2}$; ② $y'=15x^2-2^x\ln 2+3e^x$;

③ $y'=\sec x(2\sec x+\tan x)$; ④ $y'=\dfrac{e^x}{1+e^{2x}}$;

⑤ $y'=-\tan x$; ⑥ $y'=3\sin(4-3x)$;

⑦ $y' = 2e^{x^2}(x\cos 2x - \sin 2x)$;   ⑧ $y' = 2\arcsin x \dfrac{1}{\sqrt{1-x^2}}$;

⑨ $y' = \dfrac{e^x(x-2)}{x^3}$;   ⑩ $y' = \dfrac{1}{\sqrt{1+x^2}}$;

⑪ $y' = 2x\ln x\cos x + x\cos x - x^2\ln x\sin x$;

⑫ $y' = x^{\sin x}\left(\cos x\ln x + \dfrac{\sin x}{x}\right)$;

⑬ $y' = n\sin^{n-1}x\cdot\cos(n+1)x$;   ⑭ $y' = \dfrac{1}{x^2}\tan\dfrac{1}{x}$.

2. ① $y' = -e^{-x}f'(e^{-x})$;

② $y' = \sin 2x[f'(\sin^2 x) - f'(\cos^2 x)]$.

3. $\left.\dfrac{\mathrm{d}y}{\mathrm{d}x}\right|_{x=2} = -\dfrac{2\pi}{3}$.

练习 3.3

1. ① $4 - \dfrac{1}{x^2}$;   ② $4e^{2x-1}$;

③ $-2e^{-x}\cos x$;   ④ $-\dfrac{2(1+x^2)}{(1-x^2)^2}$;

⑤ $\dfrac{e^x(x^2-2x+2)}{x^3}$;   ⑥ $-\dfrac{x}{(1+x^2)^{3/2}}$.

2. ① $2f'(x^2) + 4x^2 f''(x^2)$;   ② $\dfrac{f''(x)f(x) - [f'(x)]^2}{[f(x)]^2}$.

3. ① $e^x(x+50)$;

② $2^n\left[x^2\sin\left(2x + \dfrac{n}{2}\pi\right) + nx\sin\left(2x + \dfrac{n-1}{2}\pi\right) + \dfrac{n(n-1)}{4}\sin\left(2x + \dfrac{n-2}{2}\pi\right)\right]$.

练习 3.4

1. ① $\dfrac{y}{y-x}$;   ② $\dfrac{x+y}{x-y}$;

③ $-\dfrac{e^y}{1+xe^y}$;   ④ $\dfrac{-\sin(x+y)}{1+\sin(x+y)}$.

2. ① $\left(\dfrac{x}{1+x}\right)^x\left(\ln\dfrac{x}{1+x} + \dfrac{1}{1+x}\right)$;

② $y' = x\sqrt{\dfrac{1-x}{1+x}}\left[\dfrac{1}{x} - \dfrac{1}{2(1-x)} - \dfrac{1}{2(1+x)}\right]$;

③ $y' = (1+x^2)^{\cos x}\left[-\sin x\ln(1+x^2) + \dfrac{2x\cos x}{1+x^2}\right]$;

④ $y' = \dfrac{(x+1)\sqrt{x-1}}{(x+4)^2 e^x}\left[\dfrac{1}{x+1} + \dfrac{1}{2(x-1)} - \dfrac{2}{x+4} - 1\right]$.

3. ① $\dfrac{dy}{dx} = \dfrac{1-3t^2}{1-2t}$;　　② $\dfrac{dy}{dx} = \dfrac{1}{t(1+\ln t)}$.

4. 切线方程为 $x + 2y - 4 = 0$.

练习 3.5

1. ① $\dfrac{e^x dx}{1+e^x}$;　　② $\dfrac{dx}{\sqrt{x^2+a^2}}$;

③ $2xe^{2x}(1+x)dx$;　　④ $dy = \begin{cases} \dfrac{dx}{\sqrt{1-x^2}}, & -1 < x < 0 \\ -\dfrac{dx}{\sqrt{1-x^2}}, & 0 < x < 1 \end{cases}$.

2. ① $2x + C$;　　② $\dfrac{3x^2}{2} + C$;

③ $\sin t + C$;　　④ $2\sqrt{x} + C$.

3. ① 0.8746;　　② 2.0052.

练习 3.6

1. ① $C(120) = 1644$, $\overline{C}(120) = 13.7$;

② $C'(120) = 2.4$, 经济意义: 当产量为 120 时, 再生产一件产品所需要的成本为 1.24.

2. ① $L'(Q) = 45 - 0.01Q$;

② $L'(3000) = 15$, 经济意义: 当产量为 3000 时, 再多生产一件产品利润增加 15.

3. ① $y' = a$, $\dfrac{Ey}{Ex} = \dfrac{ax}{ax+b}$;　　② $y' = 2x(4-3x)$, $\dfrac{Ey}{Ex} = \dfrac{4-3x}{2-x}$;

③ $y' = -100a^{-x}\ln a$, $\dfrac{Ey}{Ex} = x\ln a$.

4. ① $\eta(P) = \dfrac{P^2}{2}$;

② $\eta(2) = 2$; 经济意义: 当价格在 2 个单位的基础上提价 1%时, 需求量将在相应基础上下降 2%.

5. ① $\eta(P) = \dfrac{2P^2}{900-P^2}$, $\dfrac{ER}{EP} = \dfrac{900-3P^2}{900-P^2}$;

② $\eta(10) = 0.25$, 经济意义: 价格在 10 个单位基础上上涨 1%, 需求量将在相应基础上下降 0.25%;

③ $\left.\dfrac{ER}{EP}\right|_{P=10}=0.75>0$，所以，当 $P=10$ 时，价格上涨 1%，总收益增加

0.75%;

④ $\left.\dfrac{ER}{EP}\right|_{P=20}=-0.6<0$，所以，当 $P=20$ 时，价格上涨 1%，总收益减少

0.6%.

习题 3

一、单选题

1. B   2. C   3. C   4. C   5. C

二、填空题

1. $y=2x$.   2. 6.   3. $\dfrac{dy}{dx}=-\cot t$.

4. $dy=\dfrac{f'(\ln x)}{x}dx$.   5. $\dfrac{P}{3}$.

三、计算题

1. ① $-f'(x_0)$;   ② $f'(0)$;

③ $2f'(x_0)$;   ④ $\dfrac{1}{f'(x_0)}$.

2. ① 0;   ② ∞;   (3) 0;   ④ ∞.

3. ① 连续、不可导;   ② 连续、可导.

4. $\varphi(a)$.

5. ① $y'=-8x^{-3}-28x^{-5}+2x^{-2}$;   ② $y'=\sec x(\sec x+\tan x)$.

6. ① $-\dfrac{x}{\sqrt{a^2-x^2}}$;   ② $\dfrac{1}{x\sqrt{1+\ln x^2}}$;

③ $\dfrac{1}{x\ln x\ln(\ln x)}$;   ④ $\dfrac{1}{\sqrt{1-x^2}+1-x^2}$.

7. $\dfrac{dy}{dx}=\dfrac{f(t)}{f'(t)}+t-1$, $\dfrac{d^2y}{dx^2}=\dfrac{2}{f'(t)}-\dfrac{f(t)f''(t)}{[f'(t)]^3}$.

8. $y^{(100)}=100!\left[\dfrac{1}{(x+2)^{101}}-\dfrac{1}{(x+3)^{101}}\right]$.

9. 可去间断点.

11. $y'=\dfrac{x^2}{1-x}\sqrt[3]{\dfrac{2+x}{(2-x)^2}}\left[\dfrac{2}{x}+\dfrac{1}{1-x}+\dfrac{1}{3(x+2)}-\dfrac{2}{3(x-2)}\right]+\cos x$.

12. $f'(x)=2+\dfrac{1}{x^2}$.

13. $\dfrac{dy}{dx}=\dfrac{y}{2x\ln x}$.

14. 切线方程：$r = -3a\theta + \pi$.

15. 当 $\Delta x=0.1$ 时，$\Delta y=1.161$，$dy = 1.1$；

当 $\Delta x=0.01$ 时，$\Delta y=0.110601$，$dy = 0.11$.

16. ① 9.987； ② $60°2'$.

17. ① $\overline{C}(x) = \dfrac{200}{x} + 4 + 0.02x$，$C'(x) = 4 + 0.04x$，$C'(5) = 4.2$；

② 当 $x = 100$ 时，平均成本最小，$\overline{C}(100) = 8$，$C'(100) = 8$.

18. ① $\eta(2) \approx 0.03$； ② 0.97%； ③ $P = 30$.

第4章

练习4.1

1. 提示：在闭区间 $[1,2]$ 和 $[2,3]$ 上应用罗尔中值定理，由此易知方程 $f'(x)=0$ 恰有两个实根，它们分别在开区间 $(1,2)$ 和 $(2,3)$ 内.

2. 提示：对函数 $f(x) = a_0 x + \dfrac{a_1}{2}x^2 + \dfrac{a_2}{3}x^3 + \cdots + \dfrac{a_n}{n+1}x^{n+1}$ 在区间 $[0,1]$ 上应用罗尔中值定理.

4. 提示：构造函数 $f(x) = x^n$，然后在区间 $[b,a]$ 上应用拉格朗日中值定理.

5. 提示：构造函数 $f(x) = \ln x$，然后在区间 $[b,a]$ 上应用拉格朗日中值定理.

7. 提示：构造函数 $g(x) = \ln x$，对 $f(x)$ 与 $g(x)$ 在 $[a,b]$ 上应用柯西中值定理.

练习4.2

1. ① 4； ② −2； ③ 2； ④ 1；
⑤ $\dfrac{1}{2}$； ⑥ $-\dfrac{1}{6}$； ⑦ 2； ⑧ 1；
⑨ 1； ⑩ 5； ⑪ 1； ⑫ 1；
⑬ $\dfrac{1}{3}$； ⑭ $-\dfrac{1}{2}$； ⑮ $\dfrac{1}{2}$； ⑯ 1；
⑰ $e^{-\frac{1}{2}}$； ⑱ −2.

2. ① 0； ② ∞.

练习 4.3

1. ① $(-\infty,-1]$ 和 $[3,+\infty)$ 是递增区间，$[-1,3]$ 是递减区间；

② $(-\infty,-1]$ 和 $[1,+\infty)$ 是递增区间，$[-1,1]$ 是递减区间；

③ $(-\infty,-2]$ 和 $[2,+\infty)$ 是递增区间，$[-2,0)$ 和 $(0,2]$ 是递减区间；

④ $(0,2]$ 是递减区间，$[2,+\infty)$ 是递增区间.

2. ① 提示：令 $f(x)=e^x-1-x$，$f'(x)=e^x-1$，$f(0)=0$，证明当 $x>0$ 时，$f(x)$ 单调增加；当 $x<0$ 时，$f(x)$ 单调减少.

② 提示：当 $x>4$ 时，要证 $2^x>x^2$，即证 $x\ln 2>2\ln x$.

令 $f(x)=x\ln 2-2\ln x$，证明 $f(x)$ 在区间 $[4,+\infty)$ 上单调增加.

③ 提示：令 $f(x)=\sin x+\tan x-2x$，$f(0)=0$.

$f'(x)=\cos x+\sec^2 x-2$，$f'(0)=0$；

$f''(x)=-\sin x+2\sec^2 x\tan x=\sin x\left[\dfrac{2}{\cos^3 x}-1\right]=\dfrac{\sin x(2-\cos^3 x)}{\cos^3 x}$.

当 $0<x<\dfrac{\pi}{2}$ 时，$f''(x)\geqslant 0$.

3. ① 曲线在区间 $(-\infty,0),(1,+\infty)$ 内向上凹，在区间 $(0,1)$ 内向上凸，曲线的拐点是 $(0,1)$ 和 $(1,0)$；

② 曲线在 $(-\infty,-2)$ 内向上凸，在 $(-2,+\infty)$ 内向上凹，曲线的拐点是 $\left(-2,-\dfrac{2}{e^2}\right)$.

练习 4.4

1. ① 极小值 $f(1)=4$；

② 极大值 $f(0)=6$，极小值 $f(1)=5$；

③ 极大值 $f(0)=0$，极小值 $f(1)=-\dfrac{1}{2}$；

④ 极小值 $f(0)=0$.

2. 解：$f'(x)=a\cos x+\cos 3x$.

由假设知 $f'\left(\dfrac{\pi}{3}\right)=0$，从而有 $\dfrac{a}{2}-1=0$，即 $a=2$.

又当 $a=2$ 时，$f''(x)=-2\sin x-3\sin 3x$，且 $f''\left(\dfrac{\pi}{3}\right)=-\sqrt{3}<0$.

所以 $f(x)=2\sin x+\dfrac{1}{3}\sin 3x$ 在 $x=\dfrac{\pi}{3}$ 处取得极大值，且极大值 $f\left(\dfrac{\pi}{3}\right)=\sqrt{3}$.

3. ① 最小值为 $y(\pm 1)=4$，最大值为 $y(3)=68$；

② 最小值为 $y\left(\dfrac{5}{4}\right)=\dfrac{3}{4}$，最大值为 $y(5)=3$．

4. 当内接矩形的长为 $\sqrt{2R}$ 个单位，宽为 $\dfrac{R}{\sqrt{2}}$ 个单位时，内接矩形的面积最大．

5. 一个月生产 250 件产品，取得最大利润 425 万元．

6. 底宽 $=\sqrt{\dfrac{40}{4+\pi}}=2.367(\mathrm{m})$．

练习 4.5

1.

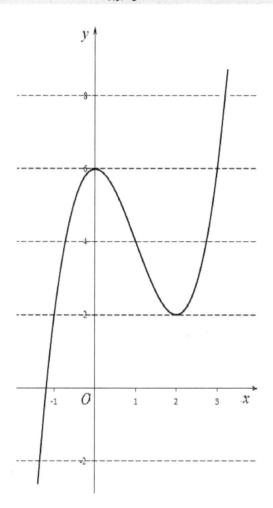

2.

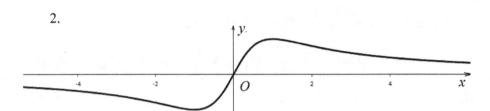

3.

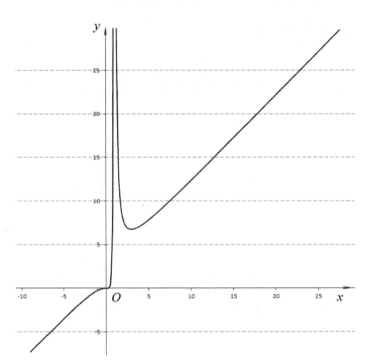

习题 4

一、选择题

1. A   2. D   3. B   4. D   5. A

6. C   7. C   8. C   9. D   10. D

二、填空题

1. C(C为某个常数).   2. $a > 0$，b为任意常数.

3. $x = -\dfrac{1}{2}$.   4. $y = x - 1$.

5. 既非充分也非必要条件.

三、计算下列极限

1. 1.   2. $\dfrac{1}{6}$.   3. 2.   4. 0.

5. 1.   6. $\dfrac{1}{2}$.   7. $\dfrac{1}{2}$.

四、求下列函数的单调区间

1. 单调递减区间为 $(0,1)$，单调递增区间为 $(1,+\infty)$．

2. 单调递增区间为 $(-\infty,0)$，单调递减区间为 $(0,+\infty)$．

六、求下列函数图形的拐点及凹凸区间

1. 凸区间是 $(-\infty,2]$，凹区间是 $[2,+\infty)$，拐点为 $\left(2,\dfrac{2}{\mathrm{e}^2}\right)$．

2. 凸区间是 $(-\infty,2)$，凹区间是 $(2,+\infty)$，拐点为 $(2,1)$．

七、应用题

1. 正方形的四个角各截去一块边长为 $\dfrac{a}{6}$ 的小正方形后，才能制成容积最大的盒子．

2. ① 商家获得最大利润时的销售量为 $\dfrac{5}{2}(4-t)$ 吨；

② 当 $t=2$（万元）时，政府的税收总额最大．

第5章

练习5.1

1. ① x^5+C；
   ② $\dfrac{2}{7}x^{\frac{7}{2}}+C$；

   ③ $-\dfrac{3}{4}x^{-\frac{4}{3}}+C$；
   ④ $\dfrac{3}{5}x^{\frac{5}{3}}+C$；

   ⑤ $t-2\ln|t|-\dfrac{1}{t}+C$；
   ⑥ $2\sqrt{x}-\dfrac{2}{3}x^{\frac{3}{2}}+C$；

   ⑦ $3\arctan x-2\arcsin x+C$；
   ⑧ $\dfrac{3^x\mathrm{e}^x}{1+\ln 3}+C$；

   ⑨ $\tan x-\sec x+C$；
   ⑩ $\dfrac{x+\sin x}{2}+C$；

   ⑪ $-\cot x-x+C$；
   ⑫ $\dfrac{1}{2}\tan x+C$；

   ⑬ $x-\arctan x+C$；
   ⑭ $x^3-x+\arctan x+C$；

   ⑮ $\sin x+\cos x+C$；
   ⑯ $\dfrac{\tan x+x}{2}+C$．

2. $y=\ln x+2$．

3. ① 27 米；
   ② $\sqrt[3]{360}\approx 7.11$秒．

练习 5.2

1. ① $\dfrac{1}{2}e^{2x}+C$;　　　　② $\dfrac{1}{8}(3+2x)^4+C$;

③ $-\dfrac{1}{2}\ln|1-2x|+C$;　　　④ $-\dfrac{1}{2}(2-3x)^{\frac{2}{3}}+C$;

⑤ $2e^{\sqrt{x}}+C$;　　　　　⑥ $\dfrac{1}{2}\sin x^2+C$;

⑦ $\dfrac{1}{4}(2+3x^2)^{\frac{2}{3}}+C$;　　　⑧ $4\sqrt{1+\sqrt{x}}+C$;

⑨ $\ln|1+\ln x|+C$;

⑩ $\dfrac{1}{2}\ln|4+2x^3|+C$;

⑪ $-\dfrac{1}{3\sin^3 x}+C$;

⑫ $\dfrac{1}{3}(\arctan x)^3+C$;

⑬ $\sin x-\dfrac{1}{3}\sin^3 x+C$;

⑭ $\dfrac{3}{8}x-\dfrac{1}{4}\sin 2x+\dfrac{1}{32}\sin 4x+C$;

⑮ $\dfrac{1}{4}\sin^4 x+C$.

2. ① $2\arcsin\dfrac{x}{2}-\dfrac{x}{2}\sqrt{4-x^2}+C$;

② $\dfrac{3}{2}\sqrt[3]{x^2}-3\sqrt[3]{x}+3\ln\left|\sqrt[3]{x}+1\right|+C$;

③ $2\left(\sqrt{x-1}-\arctan\sqrt{x-1}\right)+C$;

④ $2\sqrt{x}-4\sqrt[4]{x}+4\ln(\sqrt[4]{x}+1)+C$.

练习 5.3

① $-x\cos x+\sin x+C$;

② $x(\ln x-1)+C$;

③ $x\arccos x-\sqrt{1-x^2}+C$;

④ $-e^{-x}(x+1)+C$;

⑤ $-\dfrac{\ln x}{x}-\dfrac{1}{x}+C$;

⑥ $\dfrac{1}{4}x^2-\dfrac{1}{2}x\sin x-\dfrac{1}{2}\cos x+C$;

⑦ $\frac{1}{2}[(x^2+1)\arctan x - x] + C$;

⑧ $\frac{1}{2}(x^2-1)\ln(x+1) - \frac{1}{4}x^2 + \frac{1}{2}x + C$;

⑨ $\frac{1}{2}e^x(\cos x + \sin x) + C$;

⑩ $x(\arcsin x)^2 + 2\sqrt{1-x^2}\arcsin x - 2x + C$.

练习 5.4

① $\frac{1}{3}x^3 - x^2 + 4x - 8\ln|x+2| + C$;

② $\ln|x-2| + 2\ln|x+5| + C$;

③ $\ln|x+1| - \frac{1}{2}\ln(x^2+1) + C$;

④ $\frac{1}{2}\ln\left|\frac{(x-1)(x-3)}{(x-2)^2}\right| + C$;

⑤ $\frac{1}{x+1} + \frac{1}{2}\ln|x^2-1| + C$;

⑥ $\frac{1}{4}\ln\left|\frac{x-1}{x+1}\right| - \frac{1}{2}\arctan x + C$;

⑦ $\frac{\sqrt{2}}{2}\arctan\frac{\sqrt{2}}{2}\tan\frac{x}{2} + C$;

⑧ $-\ln\left|1+\tan\frac{x}{2}\right| + \frac{x}{2} + \frac{1}{2}\ln\left|1+\tan^2\frac{x}{2}\right| + C$.

练习 5.5

1. $Q_d(P) = -P^3 + 60$.

2. $C(Q) = Q^3 - 15Q + 100Q + 500$.

3. $R(Q) = 200Q - \frac{1}{100}Q^2$.

4. ① 50 ;

② $L(Q) = 100\ln\frac{Q+50}{50} - 0.01Q^2 - 200$（万元）.

习题 5

一、选择题

1. B	2. D	3. B	4. A	5. D
6. C	7. D	8. D	9. C	10. D

二、填空题

1. $2x+C$.

2. $e^x-\sin x$.

3. $\dfrac{1}{3}\sin(3x+4)+C$.

4. $f(e^x)+C$.

5. $-x^2-\ln|1+x|+C$.

6. $y=x^3+1$.

三、计算下列各积分

1. $\dfrac{1}{5}x^5+e^x-\cos x+C$.

2. $\dfrac{1}{2}\sin(2x+1)+C$.

3. $\dfrac{1}{2}e^{x^2}+C$.

4. $\ln|\ln x|+C$.

5. $\dfrac{3}{2}x^{\frac{2}{3}}-3x^{\frac{1}{3}}+3\ln\left|1+x^{\frac{1}{3}}\right|+C$.

6. $\dfrac{1}{3}x^3+\dfrac{1}{2}x^2+x+C$.

四、应用题

$s=t^2-t+4$.